BIM结构

——Autodesk Revit Structure 在土木工程中的应用

王言磊 张祎男 陈 炜 编著

U0388319

化学工业出版社

·北京·

本书基于钢筋混凝土结构实例和钢结构实例，从实际建模应用的需求出发，详细介绍了 Autodesk Revit Structure 软件中结构构件的创建过程和应用技巧，尤其重点介绍了速博插件在结构建模中的应用、混凝土结构配筋方法、与结构分析软件 Autodesk Robot Structural Analysis 的交互以及结构施工图纸的设计与处理。全书的内容涵盖了一个钢筋混凝土框架-剪力墙结构从建模到分析、出图的全过程，并穿插了一个钢结构模型的创建，内容完整，贯穿始终，方便读者学习完整的建模方法。本书还为读者提供了很多建模技巧，减少学习建模过程中的困扰，具有较强的实用性。

本书适用于高等院校土木工程专业学生、建筑结构设计和施工管理人员以及 BIM 爱好者。

图书在版编目（CIP）数据

BIM 结构：Autodesk Revit Structure 在土木工程
中的应用/王言磊，张祎男，陈炜编著. —北京：化学
工业出版社，2016.10（2020.8重印）
ISBN 978-7-122-27977-4

Ⅰ.①B… Ⅱ.①王… ②张… ③陈… Ⅲ.①土木工
程-建筑设计-计算机辅助设计-应用软件 Ⅳ.①TU201.4

中国版本图书馆 CIP 数据核字（2016）第 208552 号

责任编辑：满悦芝 文字编辑：刘丽菲
责任校对：宋 玮 装帧设计：关 飞

出版发行：化学工业出版社（北京市东城区青年湖南街 13 号 邮政编码 100011）
印 装：北京虎彩文化传播有限公司
787mm×1092mm 1/16 印张 16 字数 396 千字 2020 年 8 月北京第 1 版第 4 次印刷

购书咨询：010-64518888 售后服务：010-64518899
网 址：http://www.cip.com.cn
凡购买本书，如有缺损质量问题，本社销售中心负责调换。

定 价：49.00 元

前　言

随着科学技术的不断发展，传统的二维建筑结构设计方法已经无法满足现阶段建筑设计的发展要求，如何将设计过程变得可视化，将三维模型更直观地展现出来，是目前建筑行业的发展方向。建筑信息模型（Building Information Modeling，BIM）的出现，引发了建筑行业一场新革命，它突破了传统设计方法的瓶颈，采用三维参数化的设计理念，以一种全新的方法定义三维模型，使得建筑项目从初期设计、施工到后期运营管理的全过程效率都得到了大幅提升，BIM技术的价值得到了业主方、设计方、施工方等的认可。可以预见 BIM 技术在未来建筑行业将取得长足发展，并引领建筑行业达到一个新的高度。

Autodesk Revit 系列软件是 Autodesk 公司在建筑设计行业推出的三维设计解决方案，是 BIM 平台中比较出色的建模软件，其最大优势在于能够协调建设工程中各专业的工作，将所有的模型信息储存在一个协同数据库中，实现"一处修改，处处更新"的效果，从而最大程度地减少重复性的建模和绘图工作，降低项目设计方案变更中的失误，提高工程师的工作效率。同时它能在施工前对建筑结构进行更精确的可视化，从而使相关人员在设计阶段早期做出更加明智的决策。

Autodesk Revit Structure 是 Autodesk Revit 系列软件中的结构板块，它是专为结构工程专业定制的 BIM 解决方案，拥有用于结构设计与分析的强大工具。它将多材质的物理模型与独立、可编辑的分析模型进行了集成，可实现高效的结构分析，并为常用的结构分析软件提供了双向链接。基于 BIM 需求，进行三维结构建模和结构分析是未来发展的方向，而目前 Autodesk Revit Structure 和 Autodesk Robot Structural Analysis 在实际工程中的应用相对较少，学习并研究使用 Autodesk Revit Structure 就显得尤为必要。

本书以某一钢筋混凝土框架-剪力墙结构和某一钢结构为实例，详细介绍了 Autodesk Revit Structure 软件，本书具有以下特点：①完整的内容体系，涵盖了三维结构建模的整个过程；②以命令操作为本，以实例讲解为主，在详细介绍基本操作的同时，注重实际应用技巧；③采用简单、典型的工程实例模型，内容完整，贯穿始终，方便初学者体验结构建模的全过程；④操作步骤详细、连贯，图文并茂，便于读者理解；⑤包含了实用性的操作技巧，方便读者快速掌握；⑥详细讲解各构件的族文件创建过程，为读者日后自行拓展程序的应用做准备；⑦特别介绍了与结构分析软件 Autodesk Robot Structural Analysis 进行数据交互的整个操作流程。

本书共分为 11 章，主要内容如下：第 1 章对 Autodesk Revit Structure 2016 和一些基本概念进行了介绍；第 2 章介绍了如何在 Revit Structure 中新建项目、建模前的准备工作以及标高和轴网的创建；第 3～6 章基于钢筋混凝土框架-剪力墙结构实例，详细介绍了结构柱、结构框架梁、结构墙、结构楼板，以及基础的创建过程，包含了各种结构构件创建添加的基本操作命令、实例中构件的建模方法、结构构件族文件的创建和速博插件的应用等；第

7 章介绍了楼梯的创建，包括按构件和按草图两种楼梯创建方法，以及实例中楼梯的建模方法；第 8 章介绍了为混凝土结构配筋的方法和技巧，使用钢筋命令和速博插件，为不同的混凝土构件进行配筋；第 9 章基于钢结构实例，详细介绍了三维门式刚架的建模过程，包括主体框架和结构连接，并介绍了钢结构连接族的创建；第 10 章介绍了 Revit Structure 结构分析模型的相关内容，并基于钢筋混凝土实例模型介绍 Revit Structure 和 Robot Structure Analysis 之间的数据交互；第 11 章介绍了图纸设计和处理的相关内容，主要是混凝土平法施工图的出图。

本书适合高等院校土木工程专业学生、建筑结构设计和施工管理人员以及 BIM 爱好者使用。

本书由大连理工大学王言磊、张祎男和陈炜编著，其中第 1 章、第 5～6 章、第 8～10 章由王言磊编写，第 2～4 章、第 7 章由张祎男编写，第 11 章由陈炜编写，全书由王言磊统稿。

在本书编写过程中，作者参考了大量文献，在此谨向这些文献的作者表示衷心的感谢。虽然编写过程中力求叙述准确、完善，但由于编者水平有限，书中难免有疏漏和错误之处，恳请广大读者批评指正。

作 者

2016 年 9 月

目 录

第1章

Revit Structure 2016基本知识

本章要点 》》》

- Revit 软件的功能和相关概念
- Revit 的用户界面及基本操作
- 项目的文件组成以及图元分类
- 族的概念及应用
- 族编辑器的简单介绍
- 速博插件的介绍

1.1　Revit Structure 简介

Autodesk Revit Structure 软件是专为结构工程公司定制的建筑信息模型（BIM）解决方案，拥有用于结构设计与分析的强大工具。Revit Structure 将多材质的物理模型与独立、可编辑的分析模型进行了集成，可实现高效的结构建模，并为常用的结构分析软件提供了双向链接。它可帮助用户在施工前对建筑结构进行更精确的可视化，从而使相关人员在设计阶段早期做出更加明智的决策。Revit Structure 为用户提供了 BIM 所拥有的优势，可帮助用户提高编制结构设计文档的多专业协调能力，最大程度地减少错误，并能够加强工程团队与建筑团队之间的合作。

Revit Structure 的最大优势在于能够协调建设工程中各专业的工作，将所有的模型信息储存在一个协同数据库中，实现"一处修改，处处更新"的效果，从而最大程度地减少了重复性的建模和绘图工作，降低项目设计方案变更中的失误，提高工程师的工作效率。

1.2　用户界面

用户界面及各部分名称见图 1-1。

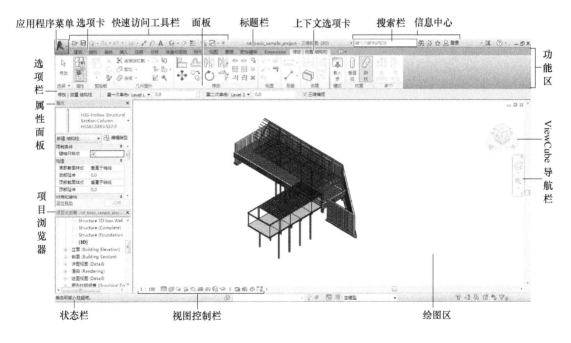

图 1-1

如果想调整用户界面，点击功能区中【视图】选项卡＞【用户界面】，在下拉菜单中勾选或取消勾选，可添加或取消部分界面的显示，见图 1-2。

1.2.1　应用程序菜单

单击图标，展开如图 1-3 所示菜单，快捷键：ALT＋F。

应用程序菜单，包含了新建、保存、退出等文件命令。

图 1-2

图 1-3

1.2.2　标题栏

位于用户界面正上方，显示出当前项目名称以及打开的视图，见图 1-4。

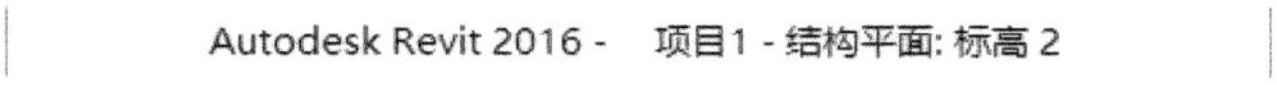

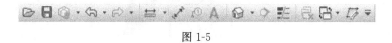

图 1-4

1.2.3　快速选项工具栏

快速访问工具栏放置有常用的命令按钮，见图 1-5。

图 1-5

点击最右侧的 按钮，在下拉菜单中可以添加或隐藏命令。

1.2.4　功能区

功能区，见图 1-6，是用户调用工具的界面，集中了 Revit Structure 中的操作命令。

图 1-6

(1) 选项卡

选项卡位于功能区最上方，从左至右各选项卡功能如下。

① 建筑：包含创建建筑模型的工具。

② 结构：包含创建结构模型的工具。

③ 系统：包含创建设备模型的工具。

④ 插入：插入或管理辅助数据文件如 CAD 文件、外部族。

⑤ 注释：为建筑模型添加如文字、尺寸标注、符号等注释。

⑥ 分析：包含分析结构模型的工具。

⑦ 体量和场地：创建体量和场地图元。

⑧ 协作：包含了同其他设计人员协作完成项目的工具。

⑨ 视图：调整和管理视图。

⑩ 管理：定义参数、添加项目信息、进行设置等。

⑪ 附加模块：包含了可在 Revit 中使用的外部安装工具。

⑫ Extensions：安装速博插件后，选项卡中会增加此项，速博插件将在本章最后提到。

⑬ 修改：对模型中的图元进行修改。

(2) 最小化

点击功能区上方，选项卡右侧的 ▣▾ 按钮，或鼠标左键双击任何一个选项卡，将依次进行如下操作。

最小化为面板按钮：显示每个面板的第一个按钮，见图 1-7。

图 1-7

最小化为面板标题：显示面板的名称，见图 1-8。

图 1-8

最小化为选项卡：显示选项卡标签，见图 1-9。

图 1-9

(3) 拖拽

功能区面板可以放置在任意位置，将鼠标放置在图示位置，按住左键拖动即可，见图 1-10。

图 1-10

图 1-11

面板移至功能区外时点击图 1-11 所示按钮可使面板返因功能区。

（4）上下文选项卡

当使用命令或选定图元时，功能区的修改选项卡处会转变为上下文选项卡，此时该选项卡中的工具仅与所对应的命令或图元相关联。如选择【结构】选项卡＞【基础】面板＞【独立】，会显示图示选项卡，见图 1-12。

图 1-12

1.2.5　选项栏

选项栏位置在功能区下方，当使用命令或选定图元时，会显示出相关的选项。例如当用户使用【梁】命令时，选项栏如图 1-13。

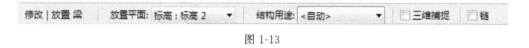

图 1-13

1.2.6　项目浏览器

项目浏览器显示当前项目中所有视图、图例、明细表、图纸、族、组、链接及各组成部分的逻辑关系，见图 1-14。点击节点将展开下一级内容，右键点击相应内容可进行复制、删除、选择全部实例、编辑族等相关操作。

图 1-14

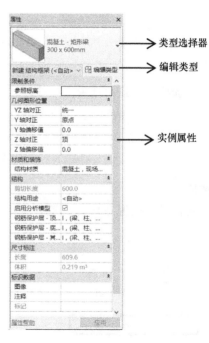

图 1-15

1.2.7 属性面板

属性面板，见图1-15，显示了不同图元或视图的类型属性和实例属性参数。当选定了图元时，属性栏会显示该图元的实例属性，用户可以更改相关参数。

点击"类型选择器"，在下拉菜单中可调整图元类型，见图1-16。

用户也可以点击"编辑类型"选项，在弹出的类型属性对话框中，见图1-17，用户可以编辑图元所属类型的类型属性。

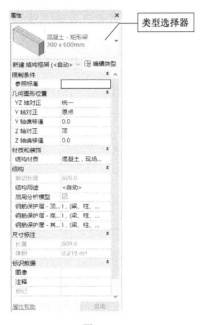

图 1-16

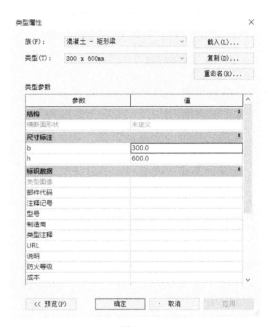

图 1-17

💡 **提示**

若关闭了属性面板显示，用户可以通过本节开始提到的【视图】面板>【用户界面】，调出属性栏。使用快捷键"Ctrl+1"，可以开启关闭属性面板的显示，也可以选择图元，在功能区中打开属性面板和类型属性对话框，见图1-18。

1.2.8 状态栏

状态栏位于用户界面的左下方，显示与命令操作有关的提示。例如，当在视图中选择某一构件时，状态栏左侧显示相关命令的提示，右侧放置了方便用户选择图元的工具，见图1-19。

图 1-18

1.2.9 视图控制栏

视图控制栏位于窗口的底部，包含了视图控制的相关工具，见图1-20。

从左至右依次是：比例、详细程度、视觉样式、关闭日光路径、关闭/打开阴影、裁剪/不裁剪视图、显示/隐藏裁剪区域、临时隐藏/隔离、显示隐藏的图元、临时视图属性、显

图 1-19

1：100   ▭ ▱ ⬚ ⬚ ⬚ ⬚ ⬚ ⬚ ⬚ ⬚ ⬚

图 1-20

示/隐藏分析模型、显示/关闭显示约束。

1.2.10　导航栏

导航栏见图 1-21，位于界面右侧，包含导航控制盘、缩放两部分。

1.2.11　信息中心

信息中心位于界面上方，见图 1-22，包含搜索栏、通讯中心、收藏夹等选项。

键入关键字或短语   🔍 ⬚ ☆ 👤 登录   ∨ ✕ ❓ ∨

图 1-21    图 1-22   图 1-23

1.2.12　ViewCube

ViewCube，见图 1-23，位于绘图区域的右上方，供用户快捷地调节视图。

ViewCube 只有在三维视图中显示。用户将鼠标放在 ViewCube 上，按住左键拖动鼠标，可以转动视角。

💡 提示

用户也可以在三维视图中通过按住"Shift＋鼠标中键"来使用 ViewCube，不必每次将鼠标移动到 ViewCube 上拖动。

1.2.13　绘图区域

绘图区域显示了当前视图，是用户创建模型的界面。在绘图区域单击鼠标或按住左键拖动鼠标框选，可以选择图元。

💡 提示

与 CAD 类似，从左至右进行框选，会选中被完全包含在选框中的图元。从右至左进行选择，则会将与选框有接触的图元全部选中。

1.3 基本概念

Revit Structure 中的项目类似于一个实际的结构工程项目，在一个实际工程项目中，所有的文件包括图纸、三维视图、明细表、造价估算等都是紧密相连的。同样，Revit Structure 的项目既包含了三维结构建模的内容，也包含了参数化的文件信息，从而形成了一个完整的项目，存储于一个文件中，方便用户的调用。与一般三维建模不同的是，Revit Structure 中的项目包含了物理模型和分析模型。物理模型由多材质的参数化构件组成，是一种可视化的实物模型。分析模型则是与物理模型对应的简化模型，可以导入结构分析软件进行结构分析，它独立于物理模型而存在，可以进行编辑，它搭建了 Revit Structure 与结构分析软件 Autodesk Robot Structure Analysis 的桥梁，从而更好地为物理模型服务。物理模型和分析模型分别见图 1-24 和图 1-25。

Revit Structure 的基本文件格式有四种。

① *.rte 格式，是项目样板的文件格式。

② *.rvt 格式，是项目文件的文件格式。

③ *.rfa 格式，是可载入族的文件格式。

④ *.rft 格式，是族样板文件的文件格式。

至此，对 Revit 及其文件的组成大致介绍完成，上述四种文件的具体内容及应用，读者在后面的章节中会学习到。

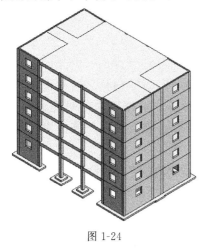

图 1-24

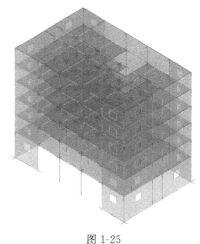

图 1-25

1.4 图元

1.4.1 图元的分类

Revit Structure 中，图元是构成一个模型的基本单位。图元可以分为主体图元、构件图元、注释图元、基准图元和视图图元 5 种类型。

(1) 主体图元

主体图元（包括墙、楼板、屋顶、楼梯等）代表实际建筑物中的主体构件，可以用来放置别的图元，如楼梯配筋，楼板开洞。主体图元的参数设置是软件系统预先设置好的，用户不能添加参数，只能在原有参数的基础上加以修改，创建出新的主体类型。如楼板，可以在类型属性中设置构造层、厚度、材质等参数。

（2）构件图元

构件图元（包括梁、柱、桁架、钢筋等）和主体图元一样，都是模型图元，是建模最基本最重要的图元，构成了实际施工中的构筑物。不同的是，构件图元的参数设置较为灵活多变，用户可以根据自己的需求，设置各种参数类型，以满足参数化设计的需求。

（3）注释图元

注释图元（包括尺寸标注、文字注释、标记、符号等）是为了满足不同的图纸设计需求，对模型进行详细的描述和解释。注释图元可由用户自行设计，同时，它与注释的对象之间是相互关联的，当注释对象的尺寸材质等参数被修改时，注释图元会相应的自动改变，从而提高了出图的效率。

（4）基准图元

基准图元（包括轴网、标高、参照平面等）为模型图元的放置和定位提供了框架，参照平面则在轴网和标高的基础上加以辅助定位，方便结构建模。

（5）视图图元

视图图元（包括楼层平面图、立面图、剖视图、三维视图、详图、明细表等）是基于模型生成的视图表达，视图图元之间既是相互独立，又是相互关联的。每个视图都可以设置其显示的构件的可见性、详细程度和比例，以及该视图所能显示的视图范围。

1.4.2 图元的层级关系

在 Revit 中，所有图元都是按照一定的层级关系来进行储存和管理的，图元的层级关系为类别、族、类型、实例。每个图元都有自己所属的类别，如结构柱、结构框架、结构基础就是三个不同的类别。每个类别中包含不同的族对象，根据不同的材质和形状，可分为若干个族，如结构框架类别中包含混凝土结构框架族、钢结构框架族、木结构框架族等。

根据不同的参数值，每个族划分成不同类型，如混凝土矩形梁的族中，就包含了"300mm×600mm""400mm×800mm"两种类型。放置在项目中的每一个该类型的构件，就称为该类型的一个实例。

图元的层级关系见图 1-26。

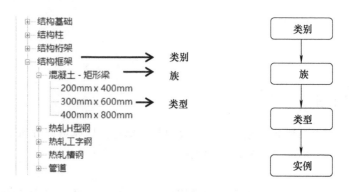

图 1-26

1.5 视图和显示

Revit 中有多种视图，新建项目中程序提供了平面视图、立面视图、3D 视图，用户可以在创建项目的过程中，添加剖面视图、详图视图、绘图视图。用户可以通过项目浏览器来显示不同的视图。

当项目中图元较多，结构布置较为复杂时，为了界面的整洁，方便继续建模，可以调整某些内容的显示。有下列几种方法。

(1) 可见性/图形

点击【视图】选项卡＞【图形】面板＞【可见性/图形】（快捷键：VV）。

打开"可见性/图形替换"对话框，对话框按照"模型类别""注释类别""分析模型类别""导入的类别""过滤器"的分类来控制图元的显示，见图 1-27。

图 1-27

通过勾选和取消勾选图元类别前的复选框，可以打开和关闭这一类别的图元显示。各类别说明如下。

① 模型类别：控制模型构件的可见性和线样式。

② 注释类别：控制标记、符号、轴网、尺寸标注等注释图元的可见性。

③ 分析模型类别：控制所有结构构件分析模型的可见性。

④ 导入的类型：控制导入的外部 CAD 文件的可见性和线样式。

⑤ 过滤器：创建过滤器后，可以设置相关图元的可见性和线样式等。

(2) 临时隐藏/隔离

选中图元后，点击视图控制栏的"临时隐藏/隔离"按钮 ，打开菜单，见图 1-28。

① 隐藏类别：在当前视图中隐藏与该图元类别相同的所有图元。

② 隔离类别：在当前视图中只显示与该图元类别相同的所有图元，隐藏不同类别的其他所有图元。

③ 隔离图元：在当前视图中只显示该图元，其他图元均不显示。

④ 隐藏图元：在当前视图中隐藏所选图元。

当用户设置过临时隐藏/隔离后， 菜单中"将隐藏/隔离应用到视图"会变为可选状态，若要恢复显示所有图元，点击"重设临时隐藏/隔离"即可。

此外，用户还可以在选中图元后单击鼠标右键，在弹出的菜单中设置可见性，见图1-29。

图 1-28

图 1-29

（3）指定视图的详细程度

单击视图中的空白区域。然后在"属性"选项板上，选择"粗略""中等"或"精细"作为"详细程度"。

在绘图区域底部的视图控制栏上，单击"详细程度"图标，并选择一个选项，见图1-30。

（4）指定视图的显示模式

视图可设为不同的显示模式，可调整图元显示的效果，点击视图控制栏的按钮，在弹出的菜单中，可以改变显示模式，见图1-31。

图 1-30

图 1-31

💡 **提示**

光线追踪只有在三维视图中可选。

1.6　族和族的创建

本节介绍族的基本知识，方便读者对族的概念及操作有初步的认识，涉及的具体操作在后续章节中会详细介绍。

1.6.1 族的基本介绍

族是 Revit 中一个功能强大的概念，是一个包含通用属性集和相关图形表示的图元组。每个族的图元能够在其内定义多种类型，每个类型可以具有不同的尺寸、形状、材质等属性。Revit 项目是通过族的组合来实现的，族是其核心所在，贯穿于整个设计项目中，是项目模型最基础的构筑单元。

族有四种类型，分别是系统族、内建族、可载入族、嵌套族与共享族。

系统族，是程序预定义的。不能从外部加载，只能在项目中进行设置和修改。例如，屋顶、楼板、标高等。

内建族，是用户在创建项目时创建的仅针对当前项目使用所创建的族。

可载入族，是可加载的独立的族文件，用户可通过相应的族样板创建，根据自身需要向族中添加参数，如尺寸、材质。创建完成后，用户可将其保存为独立的族文件，并可加载到任意所需要的项目中。可载入族是用户使用和创建最多的族文件。

嵌套族与共享族，在创建族文件时，将一个族文件加载进来，创建了新的族文件，加载进来的族称为嵌套族，加载了嵌套族的族称为宿主族。嵌套族加载到宿主族之前，可设置为共享，这样，当载入到不同的宿主族文件后，对嵌套族做的修改，影响所有宿主文件。

1.6.2 族的创建

在 Revit 软件中，自带有满足软件基本操作的族文件。其他的族文件，用户通过购买、下载等途径获得，也可自行创建。本节简单介绍应用"族编辑器"创建构件族的流程。

(1) 选择族样板

构件族的创建均基于样板文件。样板文件中定义了族的一些基本设置。点击【应用程序菜单】>【新建】>【族】，在对话框中选择族样板，见图 1-32。

图 1-32

常用于结构构件族创建的族样板有公制常规模型、基于面的公制常规模型、基于线的公制常规模型、公制结构桁架、公制结构基础、公制结构加强板、公制结构框架-梁和支撑、公制结构框架-综合体和桁架、公制结构柱、公制常规注释等。

选择了族样板，以"公制常规模型"为例，进入族编辑器界面，见图1-33。

图 1-33

族样板文件中默认定义了参照平面，默认的建模插入点位于正中心原点处，一般不做修改。原点处正交的两个参照平面已经锁定，其位置不可改变。

(2) 设置族类别和族参数

点击【创建】选项卡＞【属性】面板＞【族类别和族参数】，打开"族类别和族参数"对话框，见图1-34。每个族样板文件系统会默认一个族类别，例如，打开公制结构柱样板文件，族类别默认为结构柱，用户也可根据需要进行更改。选择不同的族类别对应不同的族参数设置。

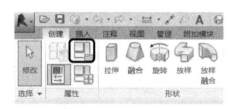 

图 1-34

(3) 设置族类型和参数

点击【创建】选项卡＞【属性】面板＞【族类型】，打开"族类型"对话框，见图1-35。

点击"族类型"一栏中的"新建",可以创建不同的类型,每个类型可以有不同的尺寸、形状、材质等参数,但都属于同一个族。如结构柱族根据尺寸的不同,可以新建300mm×450mm、450mm×600mm等类型。用户可以使用"新建"命令下方的"重命名"和"删除"命令,对已建的族类型进行重命名和删除操作。

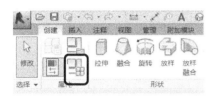

图 1-35

点击"参数"一栏中的"添加",打开"参数属性"对话框,见图1-36。用户可以在此添加不同的参数,如新建工字型截面钢柱族,向其中添加腹板厚度这一参数。

图 1-36

"参数类型"一栏中,用户可以选择定义相应的类型。

① 族参数:载入项目文件后不能出现在明细表或标记中。

② 共享参数：参数可以由多个项目和族共享。载入项目文件后可以出现在明细表或标记中。

"参数数据"一栏中，用户可以设置名称、规程、参数类型、参数分组方式以及将参数设为类型参数或实例参数。

Revit 中，结构常用的规程有"公共"和"结构"两种。"公共"可用于所有族参数的定义。"结构"用于结构族中结构分析相关参数的定义。

"类型参数"与"实例参数"，当同一个族的多个相同的类型被载入到项目中时，类型参数的值被修改，则所有该类型的图元都会相应变化。实例参数被修改后只有当前被修改的图元会发生变化，其余该类型的图元不发生改变。

参数生成后，参数类型中的"规程"和"参数类型"不能再修改，其他可修改或删除。与参数对应的参数值和相应的公式可根据要求进行设置，设置完后可按照用户的习惯统一进行排序管理，通过"上移""下移""升序""降序"按钮操作即可。

(4) **参照平面和参照线**

在创建族三维模型之前的一个重要操作是绘制"参照平面"和"参照线"。用户可以通过改变"参照平面"的位置来驱动锁定在参照平面上的实体的尺寸和形状，"参照线"则主要用于实现角度参变及创建构件的空间放样路径，是辅助绘图的重要工具和定义参数的重要参照。

点击【创建】选项卡>【基准】面板>【参照平面】或【参照线】，见图 1-37。在绘图区放置参照平面或参照线。

图 1-37

(5) **工作平面**

在 Revit 用户可以设置当前的工作平面，方便建模。

点击【创建】选项卡>【工作平面】面板>【设置】，打开"工作平面"对话框，见图 1-38。

指定新的工作平面如下。

① 点击"名称"，在后边的下拉菜单中选择已有的参照平面。

② 点击"拾取一个平面"，在绘图区拾取一个参照平面或一个实体表面，可以拾取参照线的水平和垂直的法面。

③ 点击"拾取线并使用绘制该线的工作平面"拾取任意一条线并将这条线的所在平面设为当前工作平面。

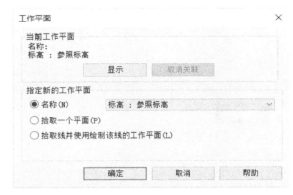

图 1-38

点击【创建】选项卡＞【工作平面】面板＞【显示】，可以显示或隐藏工作平面，工作平面默认是隐藏的。

（6）模型线和模型文字

点击【创建】选项卡＞【模型】面板＞【模型线】，在绘图区的一个工作平面上绘制模型线，模型线在任意视图都可见。点击【模型文字】，可以创建三维实体文字，当族载入到项目中时，模型文字依然可见。模型线和模型文字都是是三维的几何图形，是模型的组成部分。

【注释】选项卡中也可添加线和文字。【注释】选项卡＞【详图】面板＞【符号线】，可以添加符号线，符号线不作为模型的组成部分，只能在二维视图中绘制，不能在三维视图中绘制，且仅在所绘制的视图中可见。【注释】选项卡＞【文字】面板＞【文字】，可以添加注释文字，但文字只能在族编辑器中可见，在项目中不可见。

（7）创建三维模型

图 1-39

三维模型的创建命令，可以完成实体模型和空心模型的创建。点击【创建】选项卡＞【形状】面板，见图 1-39 包含"拉伸""融合""旋转""放样""放样融合""空心形状"六个建模命令。

① 拉伸：创建一个拉伸的截面形状，并赋予一个拉伸的高度。

② 融合：将两个平行平面上不同形状的端面融合在一起，构成一个新的模型。

③ 旋转：创建一个几何形体，将它围绕一个轴线旋转一定的角度。

④ 放样：创建一个平面轮廓，选择一条路径放样此轮廓。

⑤ 放样融合：在选好的路径首尾创建两个不同的轮廓，并沿此路径进行放样融合。

⑥ 空心形状：下拉菜单中包含"空心拉伸""空心融合""空心旋转""空心放样""空心放样融合"五个命令，用于创建空心模型，各命令的使用方法与对应的实体模型基本相同。

💡 提示

选中实体，属性面板中的"实心/空心"选项可将实体模型与空心模型进行转换，见图1-40。

将创建的模型形状，对齐锁定在相应的参照平面上。

图 1-40

任何创建的模型都要对齐并锁定在参照平面上,这样才可通过为参照平面上尺寸标注赋予的参数来驱动模型形状尺寸改变。

下面举一个简单的例子,来说明模型形状与参照平面的对齐锁定。更加具体的操作和说明会在后面的章节族的内容中介绍。点击【应用程序菜单】>【新建】>【族】,在弹出的"新族-选择样板文件"对话框中选择"公制常规模型.rft",点击"打开",进入族编辑器,见图 1-41 和图 1-42。

图 1-41

图 1-42

点击【创建】选项卡＞【属性面板】＞【族类型】，打开"族类型"对话框，点击"添加"，在弹出的"参数属性"对话框名称一栏中输入"长度"，点击"确定"回到"族类型"对话框，见图1-43。同样的步骤，添加参数"宽度"，点击"确定"完成参数添加。

图 1-43

点击【创建】选项卡＞【基准】面板＞【参照平面】，在绘图区域创建图示的参照平面，并点击【注释】选项卡＞【尺寸标注】面板＞【对齐】为参照平面添加尺寸标注，见图1-44。

选中注释，在选项栏中"标签"一栏下，选择参数，该标注便与参数相关联。为两个尺寸标注关联"长度""宽度"两个参数，见图1-45。

点击【创建】选项卡＞【形状】面板＞【拉伸】，在绘图区域绘制一个矩形，见图1-46。之后点击【修改】选项卡＞【修改】面板＞【对齐】，使用对齐命令（快捷键AL），先点击参照平面，再点击矩形上的边，矩形的边便和选择的参照平面对齐，同时在图中出现一个打开的锁形图标，点击图标，变为锁上的锁形图标，该边就被固定在了参照平面上，见图1-47。

图 1-44

图 1-45

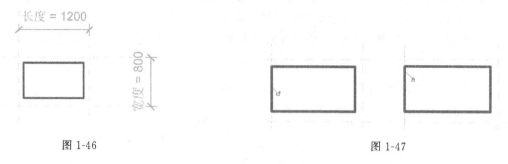

图 1-46   图 1-47

同理，将矩形四边固定在参照平面上，见图 1-48。完成后点击【修改｜创建拉伸】选项卡中的"完成编辑模式"按钮，见图 1-49。

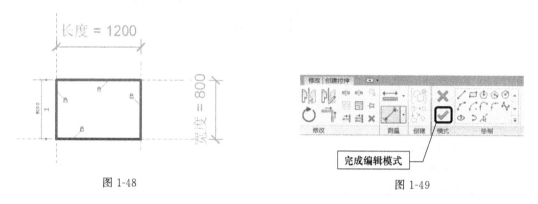

图 1-48   图 1-49

此时打开"族类型"对话框，修改参数，见图 1-50。会发现图形的相应尺寸也发生了变化。

将族导入到项目中，点击任一选项卡中【族编辑器】面板＞【载入到项目中】，见图1-51。

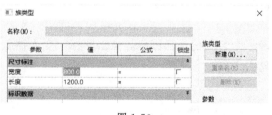

图 1-50

图 1-51

1.7 速博插件

Autodesk Subscription，称为速博，是针对钢筋混凝土结构的扩展插件。速博可以帮助用户生成所需要的构件，也可以帮助用户进行构件的快速配筋。本节介绍了速博插件的界面以及基本功能，具体的操作和应用见后面章节中速博插件的应用。

用户需要另行安装。安装后在 Revit 的选项卡中会增加"Extensions"一项，如图 1-52。各个命令简要说明如下。

（1）修改：修改构件的钢筋。

图 1-52

（2）删除：删除构件钢筋。用户在此处需要注意，使用修改、删除命令编辑的钢筋，必须是使用速博插件创建的。

（3）首选项：用来设置区域、动态更新以及数据库。

（4）建模：用于生成模型。

（5）分析：可进行桁架静定分析、框架静态分析、梁静态分析、楼板静态分析、组合构件设计。

（6）钢筋：为墙、柱、梁等构件生成配筋。

（7）钢结构连接节点：使用端板在柱和梁之间生成钢连接、在柱和柱基之间生成铰支或固定的钢连接。

（8）工具：工具中包含如下命令。

① 共享、项目参数。

② 构件定位。

③ 模型对比：对选择的模型进行通用信息、单元、参数等的对比。

④ 内容生成：可以生成不同截面的梁、柱族，以及材质、钢筋形状等。

⑤ 图形冻结：从模型中将当前状态的视图，保存至绘图模型中。

⑥ 文本生成：用于在 Revit 中生成文本。

第2章

创建新项目

本章要点 》》》

- 新建、保存项目文件
- 了解项目样板文件
- 进行项目的前期设置
- 添加轴网、标高
- 导入 CAD 图纸辅助建模

2.1 新建项目文件

(1) 运行 Revit Structure 2016。

新建项目 点击左上角应用程序菜单 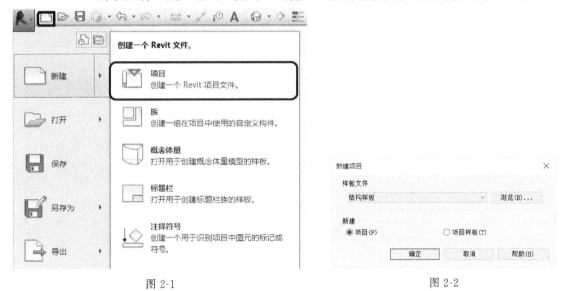>【新建】>【项目】或点击快速访问工具栏中的【新建】（图 2-1）

快捷键：CTRL＋N

(2) 在弹出的"新建项目"对话框中，选择合适的项目样板创建项目，在"样板文件"一栏中，选择结构样板，程序会选择针对中国用户定制的 Structural Analysis-Default-CHNCHS. rte 样板文件，用户也可以点击"浏览"，选择其他结构样板文件。见图 2-2。

图 2-1   图 2-2

(3) 保存文件，点击快速访问工具栏或应用程序菜单中的"保存"，保存项目文件。

新建项目文件，并保存为"实例应用"。本书中"实例应用"的内容，都在此项目文件中进行操作。

💡 **提示**

项目样板包含创建项目所需要的最基本的项目参数设置，如单位、线型、视图等。当用户选用了项目样板，项目样板中的参数也会被应用到项目中。用户也可以自己创建样板文件，一般有两种方法，常用的方法是打开一个现有的样板文件，在其基础上根据需要更改设置，再保存为一个新的样板文件。第二个方法是在空白的项目文件中创建一个新的样板，【新建】>【项目】，在样板文件中选择＜无＞。用户也可将任何一个项目，保存为项目样板（∗.rte）。

2.2 前期设置

2.2.1 设置选项

打开应用程序菜单，点击应用程序菜单右下角的【选项】按钮，弹出"选项"对话框，见图 2-3。可以进行一些常用的设置。

(1) 设置保存时间

"常规">"通知">"保存提醒间隔"，用户根据需要设置保存时间，软件会每间隔相应的时间弹出对话框提醒用户保存项目，避免文件丢失。

(2) 用户选项

"用户界面">"配置"，用户可以根据自己习惯，设置功能区内容、主题、快捷键等。

(3) 背景颜色

"图形">"颜色"，可以将背景由默认的白色改为其他颜色，如黑色。

图 2-3

2.2.2 设置捕捉

点击【管理】选项卡>【设置】面板>【捕捉】，打开"捕捉"对话框，见图 2-4 和图

图 2-4

2-5。可以开启/关闭捕捉功能、设置捕捉的对象等，方便用户创建、修改和放置模型，提高模型创建的效率。

2.2.3 设置材质

在 Revit 中，设置构件材质有多种方法。本节主要介绍的是在项目中根据构件的种类，进行材质设置的方法，在本节最后，还介绍了其他设置材质的方法。实际应用中，用户可以灵活选用。

点击【管理】选项卡>【设置】面板>【对象样式】，弹出"对象样式"对话框，用户可以设置不同类别图元的显示效果和材质。

以设置结构柱材质为例，在"对象样式"对话框"模型对象"一栏中，将结构柱"材质"设为"混凝土，现场浇筑- C30"。鼠标选中"材质"对应的表格，会出现一个

图 2-5

方形图标 ... ，点击即可打开"材质浏览器"对话框，在对话框中选择材质，见图 2-6 和图 2-7。

对象样式

模型对象 注释对象 分析模型对象 导入对象

过滤器列表(F):   <全部显示>

类别	线宽		线颜色	线型图案	材质
	投影	截面			
⊞ 线管配件	1		■黑色	实线	
⊞ 组成部分	1	2	■黑色		
⊞ 结构加强板	1	1	■黑色	实线	
⊞ 结构区域钢筋	1	1	■黑色	实线	
结构基础	2	4	■黑色	实线	
⊞ 结构柱	1	4	■黑色	实线	...
⊞ 结构桁架	1		■RGB 000-127	划线	
⊞ 结构框架	1	4	■黑色	实线	
结构梁系统	1		■RGB 000-127	划线	
⊞ 结构路径钢筋	1	1	■黑色	实线	
⊞ 结构连接	1	1	■黑色	实线	
⊞ 结构钢筋	1	1	■黑色	实线	
⊞ 结构钢筋网	1	1	■黑色	实线	
⊞ 结构钢筋网区域	1	1	■黑色	实线	
⊞ 详图项目	1	1	■黑色	实线	
⊞ 软管	1		■黑色	实线	

图 2-6

用户在创建或选中结构柱时，"属性"面板中"结构材质"一栏可以设置材质。如将材质设置为"<按类别>"，见图 2-8，那么该柱的材质就会设置为"混凝土，现场浇筑-C30"，即在"对象样式"中为结构柱设置的材质。

在"对象样式"中，可以对线型、线宽、颜色等进行设置。用户根据需要进行设置，在这里不做详细说明。

图 2-7

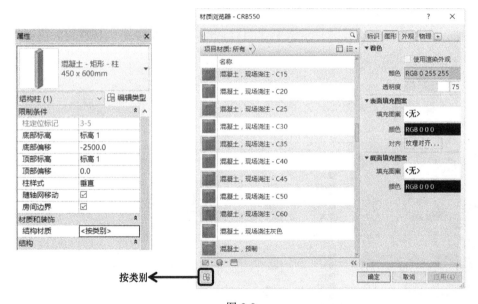

按类别 ←

图 2-8

💡 提示

本书"实例应用"项目采用钢筋混凝土结构，使用上述的方法，为构件设定材质。

结构基础：混凝土-现场浇筑混凝土-C40；

结构柱、结构框架、墙、楼板、楼梯：混凝土-现场浇筑混凝土-C30；

钢筋：HRB400。

如果项目中，同种类型的构件包含了不同的材质，如混凝土结构柱和钢结构柱。可以通过子类别来控制。编辑要添加的混凝土柱族，鼠标左键双击构件或在项目浏览器中找到该族，点击右键，选择"编辑"，见图 2-9。

进入族编辑器中。【管理】选项卡＞【设置】面板＞【对象样式】，打开"对象样式"对话框，点击"修改子类别"一栏中的"新建"，弹出"新建子类别"对话框，名称输入"混凝土-柱"，点击"确定"完成创建，见图 2-10。

图 2-9

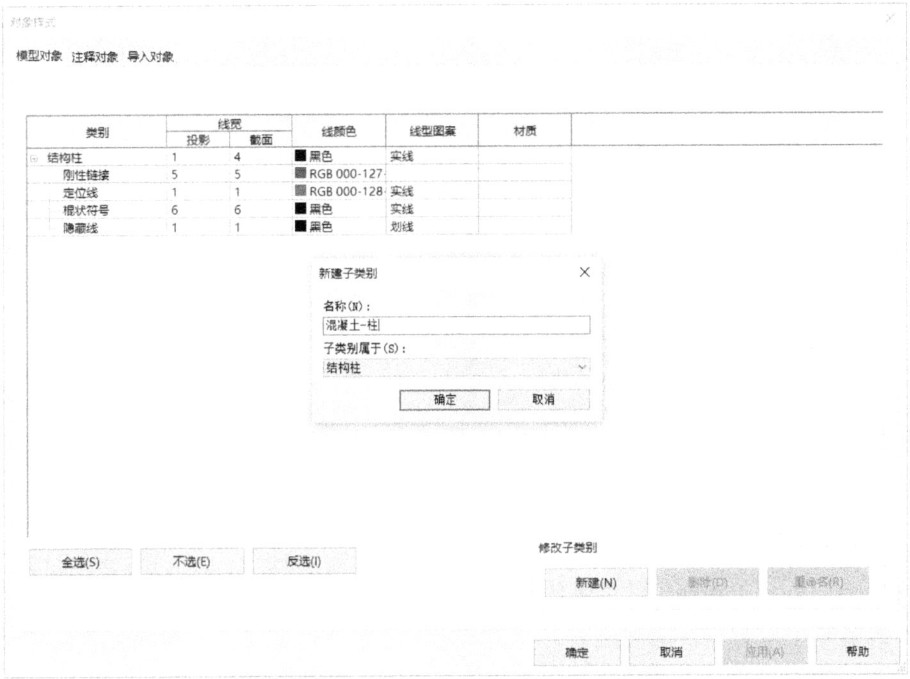

图 2-10

点击【创建】选项卡＞【属性】面板＞【族类型】，将材质设置为"＜按类别＞"，见图 2-11。选中柱子的实体将，将属性面板中"标识数据"一栏中的"子类别"，设置成"混凝土-柱",见图 2-12。

图 2-11

图 2-12

点击任一选项卡中【族编辑器】面板＞【载入到项目中】,将该族载入到项目中,在项目中点击【管理】选项卡＞【设置】面板＞【对象样式】,在弹出的"对象样式"对话框中,在结构柱中可见新增的"混凝土-柱"一项,见图 2-13。同样的,用户可对钢结构柱族进行上述操作,这样,便可通过子类别来设置同种结构构件的不同材质。

对象样式

模型对象　注释对象　分析模型对象　导入对象

过滤器列表(F):　　＜多个＞

类别	线宽		线颜色	线型图案	材质
	投影	截面			
⊞ 组成部分	1	2	■黑色		
结构加强板	1	1	■黑色	实线	
结构区域钢筋	1	1	■黑色	实线	
结构基础	2	4	■黑色	实线	
⊟ 结构柱	1	4	■黑色	实线	
刚性链接	5	5	■RGB 000-127-		
定位线	1	1	■RGB 000-128-	实线	
提状符号	6	6	■黑色	实线	
混凝土-柱	1	1	■黑色	实线	
隐藏线	1	1	■黑色	划线	
隐藏面	1	1	■黑色	隐藏	
结构桁架	1		■RGB 000-127-	划线	
结构框架	1	1	■黑色	实线	

图 2-13

进行完上述设置后,如需单独设置某个构件的材质,可以在属性面板"结构材质"一栏中,进行具体的设置。

其他设置材质的方法如下。

(1)在族中定义材质。在族编辑器"族类型"设置"结构材质"参数,直接定义该族各个类型构件的结构材质。载入到项目后,构件的材质采用族中所设定的。

 提示

在族中定义材质,会遇到在材质浏览器列表中没有所需材质的情况,此时需要用户添加材质到列表中。在材质浏览器中，点击搜索栏下方右侧的 ▦ 按钮，可以切换不同的显示界面。在材质浏览器下方显示的材质库中，用户可以根据库和类别，快速找到所需材质，见图2-14。之后双击材质，或点击"将材质添加到文档中"按钮，完成材质的添加。

图 2-14

（2）在项目中通过属性面板直接设置材质，选中构件，在属性面板的"结构材质"中选择材质进行设定。

💡 提示

当需要在项目中设置大量同类构件的材质时，就要采取一些方法来实现对大量构件的快速选择。

方法1：选择同种类型的实例构件。可以在任意视图中，选择一个实例，点击右键，在弹出的菜单中找到"选择全部实例"，可以选择"在视图中可见""在整个项目中"（图2-15），便能够将在视图中可见或整个项目中的该类型实例全部选中。

方法2：框选需要选择的构件所在的范围，通过过滤器取消其他构件的选择。过滤器 ▽ 位于用户界面右下角。完成框选后点击过滤器，过滤器会按分类显示选中的所有图元，见图2-16。勾选需要选择的分类，点击"确定"，完成选择。

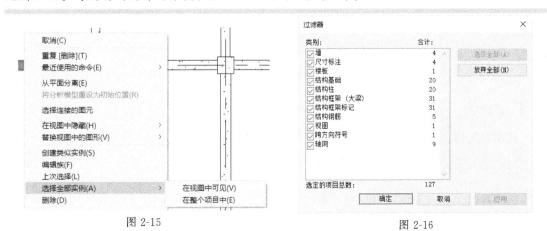

图 2-15   图 2-16

2.2.4 结构设置

【管理】选项卡＞【设置】面板＞【结构设置】，打开"结构设置"对话框，见图 2-17。可以设置结构和边界条件的显示符号、荷载工况及组合以及分析模型的相关参数。

图 2-17

2.3 创建标高

Revit 中，标高命令只能在立面视图和剖面视图中使用。样板文件中已经创建了两个标高：标高 1 和标高 2，见图 2-18。

图 2-18

在项目浏览器中，有东、西、南、北四个立面视图，打开任意立面视图。

2.3.1 标高修改与命名

选中标高，点击数值，可以修改标高，见图 2-19。在属性栏中，编辑"限制条件"中"立面"的数值，也可修改标高，见图 2-20。在属性栏类型选择器中，可以修改标高样式，标高的样式共有三种：上标头、下标头、正负零标高，见图2-21。

| 图 2-19 | 图 2-20 | 图 2-21 |

选中标高后点击标高名称，可以进行重命名标高，见图2-22。修改后弹出如图2-23所示对话框，点击"是"。

图 2-22   图 2-23

2.3.2 标高命令

标高命令　【结构】选项卡＞【基准】面板＞【标高】（图2-24）

　　　　　　　快捷键：LL

图 2-24

启动命令后，在上下文选项卡【修改｜放置标高】＞【绘制】面板中，提供了"直线""拾取线"两种绘制方式，默认选择"直线"，见图2-25。

在属性面板的类型选择器中选择标高的样式。在选项栏中，默认勾选了"创建平面视图"，点击右侧"平面视图类型"后弹出的"平面视图类型"对话框（见图2-26）可以选择要创建的平面视图类型。即创建的标高，会生成所选择的平面视图。

图 2-25

接下来进行标高的绘制，选择"直线"方式，其他设置不作调整。

单击鼠标左键，确定起点，拖动鼠标，再次点击鼠标左键确定终点，当标高线的端点与原有标高线对齐时，会显示出一条蓝色虚线，见图2-27。

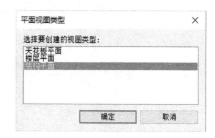

图 2-26

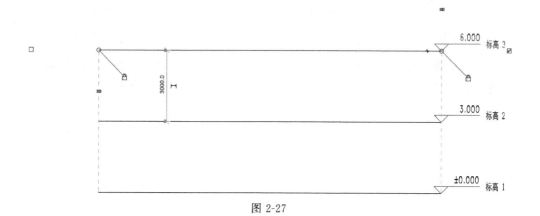

图 2-27

💡 提示

进行绘制时，先用鼠标捕捉下方已有标高，之后竖直向上移动鼠标，会显示鼠标当前位置与选定标高的竖直距离，见图 2-28。此时，通过键盘输入新建标高与已有标高的竖直距离，见图 2-29。之后按回车键或单击鼠标左键，程序会自动在所对应的高度处，选定标高线的起点。之后拖动鼠标，点击确定终点，完成标高线绘制。

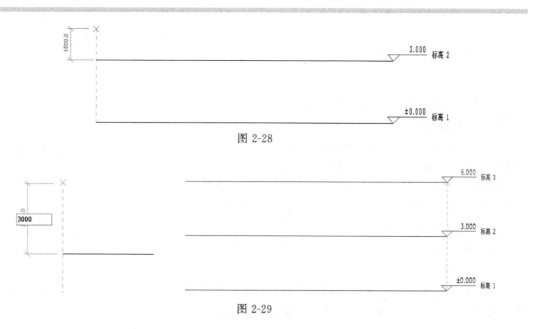

图 2-28

图 2-29

用户也可使用复制命令，便捷、快速地创建标高。

复制命令 【修改 | 标高】选项卡＞【修改】面板＞【复制】

快捷键：CO

选中一个标高，使用复制命令。在选项栏中勾选约束和多个，程序就可以在竖直和水平两个方向上进行多次复制。在复制拖动鼠标的过程中，也可以手动输入复制间距，见图 2-30。复制标高 2，生成标高 3。

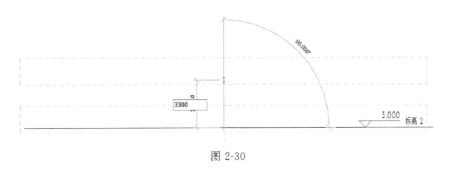

图 2-30

💡 提示

通过复制建立的标高，或在绘制时没有勾选"创建平面视图"的标高。没有相对应的结构平面，标头显示为黑色，用户需要为其添加结构平面。点击【视图】选项卡＞【创建】面板＞【平面视图】，在下拉菜单中选择"结构平面"，见图 2-31。在弹出的"新建结构平面"对话框中，为复制建立的标高添加结构平面，见图 2-32。添加完成后，该标高标头会变为蓝色。在"项目浏览器"中"结构平面"，会出现以该标高命名的结构平面。

图 2-31

图 2-32

💡 提示

用户既可以通过项目浏览器查看不同标高所对应的平面视图，也可以在立面视图中选中标高后单击右键，选择"查找相关视图"，在弹出"转到视图"对话框中可以转到相应的平面视图，见图 2-33。

图 2-33

💡 提示

类似地，用户也可在平面视图中，右键单击"东""南""西""北"图标，在弹出的菜单中，选择"进入立面视图"，从而快速切换至相应的视图，见图 2-34。

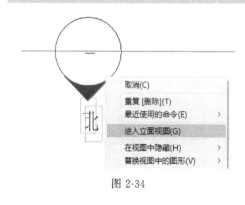

图 2-34

2.3.3　标高锁定

标高作为重要参照，应避免其在建模的过程中发生移动。选中所有标高后，进行锁定操作。

锁定命令　【修改｜轴网】选项卡＞【修改面板】中的"锁定"按钮 ⛓

快捷键：PN

锁定后，图元将不能被移动、删除。如需解锁，应用解锁命令。

解锁命令　点击锁定按钮上方解锁按钮 ⛓

快捷键：UP

2.3.4　实例应用

在项目浏览器中，双击打开南立面视图。

修改标高，将标高 1 的样式由"正负零标高"改为"上标头"。标高 1 的标高值修改为"－2.1"，重命名为"－2.1"，标高 2 的标高值修改为"－1.5"，重命名为"－1.5"，见图 2-35。

新建标高，使用标高命令依次创建 3.5m、7.0m、10.5m、14.0m、17.5m、21.0m 标高，并将新建的标高重命名。

将"标高 1-分析"重命名为"－2.1-分析"，将"标高 2-分析"重命名为"－1.5-分析"。

图 2-35

选中所有标高,使用锁定命令进行锁定。

提示

在创建标高时,可使用拾取线的绘制方式配合偏移量快速创建。

启动标高命令后,在【绘制】面板中选择"拾取线"。选项栏中"偏移量"设置为3500,见图 2-36。

之后,将鼠标移动到已有轴线上,在上方 3500mm 处会生成轴线的预览,见图 2-37。点击鼠标完成添加。

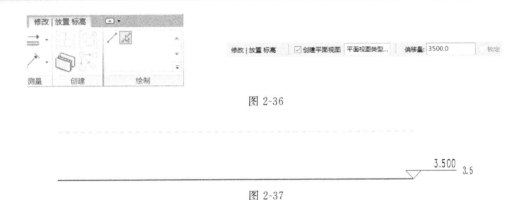

图 2-36

3.500
3.5

图 2-37

2.4 创建轴网

2.4.1 轴网命令

轴网命令 【结构】选项卡>【基准】面板>【轴网】(见图 2-38)

快捷键:GR

启动轴网命令后,会显示上下文选项卡【修改│放置轴网】,在【绘制】面板中可以选

图 2-38

图 2-39

择绘制方式，依次为"直线""起点-终点-半径弧""圆心-端点弧""拾取线"。默认会选择"直线"方式，见图 2-39。

在绘图区绘制一条轴网，见图 2-40。勾选、取消勾选标头附近的方框可以显示或隐藏轴网标号。按住鼠标左键拖动轴网线两端的圆圈，可以改变轴网长度。

图 2-40

2.4.2 轴网的调整

(1) 轴网标头位置调整

当存在多根轴线时，选中一根轴线后，会出现一个锁住的锁形图标，所有对齐的轴线位置处会出现一条对齐虚线。用鼠标拖拽轴线端点，所有轴线同步移动，见图 2-41。如要移动单根轴线，先点击锁形图标解除锁定，再拖拽轴线端点进行调整，见图 2-42。

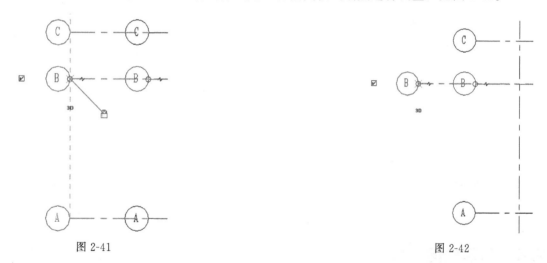

图 2-41   图 2-42

遇到轴网距离过近，轴网标头重叠时，可通过"添加弯头"修改轴网标头位置。选中轴线后，在标头位置会有一个折断线形状节点，即"添加弯头"，点击后轴号位置就可以通过拖动弯折处的小圆点进行调整，见图 2-43。

(2) 更改轴号

重命名轴号，点击轴线的标号，变为输入状态，此时输入新的轴号，输入完成后按回车键完成更改，见图 2-44。

(3) 调整轴号字体

程序默认的轴号字体不规范，下面介绍两种调整轴号字体的方法。

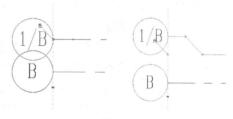

图 2-43

图 2-44

方法一，载入标头族。点击【插入】选项卡＞【从库中载入】面板＞【载入族】，弹出"载入族"对话框，见图 2-45。

图 2-45

打开"注释"＞"符号"＞"建筑"，选择"轴网标头-圆.rfa"，见图 2-46，点击打开。

图 2-46

之后选中轴线，点击属性面板"编辑类型"，打开"类型属性"对话框，"符号"一栏默认为"M＿轴网标头-圆"，下拉列表中，选择刚刚载入的"轴网标头-圆"，见图 2-47。

点击确定后，可以看到字体发生了改变。和原来默认的"M＿轴网标头-圆"效果的对比见图 2-48。

方法二：编辑现有标头。在项目浏览器中，点击"族"＞"注释符号"，找到"M＿轴网标头-圆"，点击右键在弹出的菜单中选择

图 2-47

编辑，见图 2-49。进入"M _ 轴网标头-圆"族的编辑界面，选中数字，见图 2-50。点击属性面板的"编辑类型"，见图 2-51。在弹出的"类型属性"菜单中，可对字体进行调整，见图 2-52。

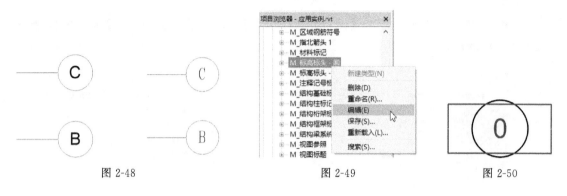

图 2-48　　　　　　　　　　图 2-49　　　　　　　　　　图 2-50

图 2-51

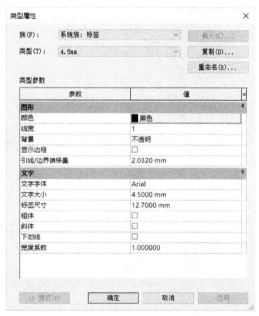

图 2-52

轴网绘制、调整完毕后，将轴网锁定。

💡 **提示**

用户在创建标高、轴网时，建议先创建标高，后创建轴网。这样，创建的轴网会在每个平面视图中显示。如果创建轴网后，创建了更高的标高，那么新创建的标高平面中不显示轴网。在这种情况下，为使轴线可以在新建标高平面中显示，需要在立面图中，将轴网拖拽至该轴线以上，见图 2-53。

2.4.3　实例应用

打开任意平面视图，启动轴网命令，在绘图区域绘制如图 2-54 所示的轴网，并对

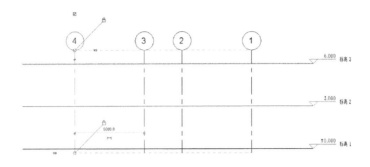

图 2-53

轴网进行调整重命名。用户可以采用创建标高时提到的，拾取线的绘制方式配合偏移量的方法。

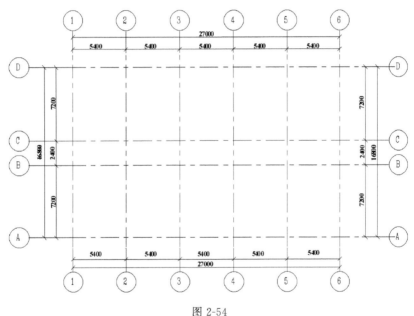

图 2-54

标注是为读者提供开间进深尺寸，程序不会自动生成。

选中所有轴网，完成锁定，见图 2-55。

之后选中所有轴网，点击【修改｜轴网】选项卡＞【基准】面板＞【影响范围】，在弹出的"影响基准范围"对话框中，勾选所有的视图，见图 2-56。

💡 提示

设置影响范围，表示一个视图中轴网显示样式会影响到其他视图的轴网显示样式，比如两端都看得到编号或者给轴网添加弯头等。

1
2
3
4
5
6
27000
5400
5400
5400
5400
5400
D
C
B
A
7200
2400
7200
16800

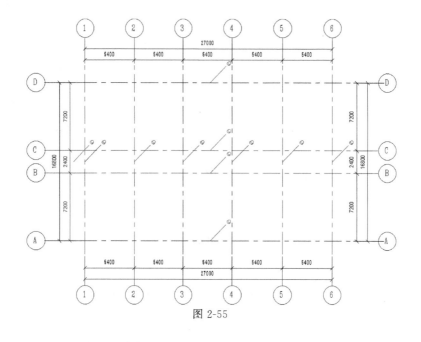

图 2-55

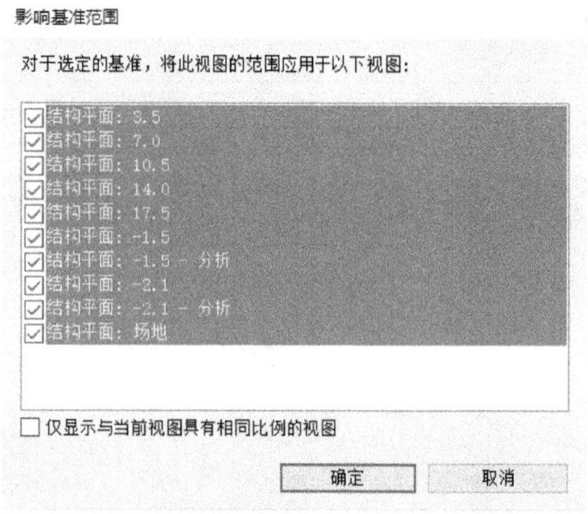

影响基准范围
对于选定的基准，将此视图的范围应用于以下视图：
结构平面：3.5
结构平面：7.0
结构平面：10.5
结构平面：14.0
结构平面：17.5
结构平面：-1.5
结构平面：-1.5 - 分析
结构平面：-2.1
结构平面：-2.1 - 分析
结构平面：场地
仅显示与当前视图具有相同比例的视图
确定
取消

图 2-56

2.5 导入 CAD

用户可以将现有的CAD图纸导入到项目中，放置在相应的标高上。依照CAD图纸中的定位，根据图中现有内容，快速准确地建模。下面举例说明。

用户进入“3.5”平面视图，导入梁平法施工图。点击【插入】选项卡>【导入】面板>【导入CAD】，见图2-57。

插入
注释
分析
体量和场地
协作
视图
管理
附加模
DWF 标记
贴花
点云
管理链接
导入 CAD
导入 gbXML
从文件插入
图像
管理图像
链接
导入

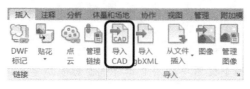

图 2-57

打开"导入 CAD 格式"对话框，选中需要导入的图纸，并做相关设置，见图 2-58。

导入后效果见图 2-59。可以调整 CAD 位置，之后将其锁定。同一平面中可以导入多张 CAD。

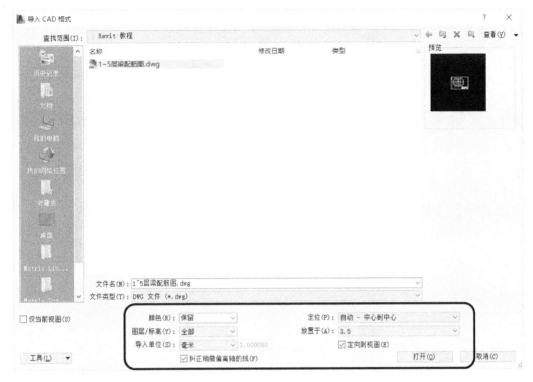

图 2-58

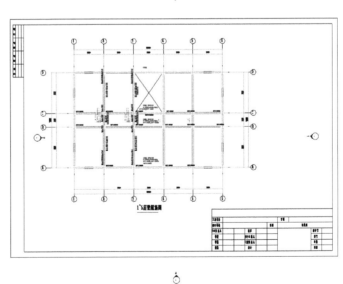

图 2-59

第 **3** 章

结 构 柱

本章要点 >>>

- ◎ 掌握结构柱命令
- ◎ 添加新的结构柱类型
- ◎ 结构柱各属性含义
- ◎ 使用族编辑器创建结构柱族
- ◎ 族编辑器中各参数的含义
- ◎ 使用速博插件创建结构柱族

3.1 添加结构柱

3.1.1 结构柱的创建

结构柱命令 【结构】选项卡＞【结构】面板＞【柱】（图 3-1）

快捷键：CL

在"属性面板"类型选择器中选择合适的结构柱类型进行放置，见图 3-2。

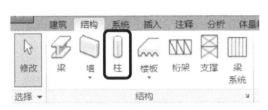

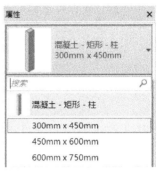

图 3-1　　　　　　　　　　　　　　　　　　　　图 3-2

创建新的柱类型，以创建"500mm×500mm"混凝土柱为例。

在类型选择器中，选择任意类型的混凝土柱。点击"属性面板"中"编辑类型"（见图 3-3）。打开"类型属性"对话框，点击"复制"按钮，在弹出的"名称"对话框中输入新类型名称"500mm×500mm"，见图 3-4。

点击"确定"回到类型属性对话框，此时属性面板显示的类型就变成了新创建的

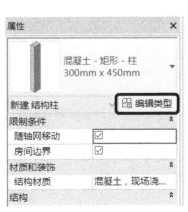

图 3-3　　　　　　　　　　　　　　　　　　　图 3-4

"500mm×500mm"，属性栏中参数值与所复制的类型一致。之后修改尺寸参数，将"b"
"h"❶的值改为500，见图3-5。

图 3-5

💡 **提示**

当项目中没有合适形状的柱时，可从外部载入族文件。程序自带了一些基本的族文件，
可供用户载入项目中使用。

方法1："属性面板"＞"编辑类型"＞"类型属性"。"类型属性"对话框中点击"载
入…"，出现"打开"对话框，用户依次打开"结构"＞"柱"选择合适的族文件，见图
3-6。

方法2：【插入】选项卡＞【从库中载入】面板＞【载入族】，见图3-7。出现"载入族"
对话框，用户依次打开"结构"＞"柱"选择合适的族文件。

方法3：【应用程序菜单】＞【打开】＞【族】，打开相应的族，在【创建】选项卡的【族
编辑器】面板中，选择【载入到项目】，见图3-8。

将族载入到项目中，便可在类型选择器中选择相应族中的类型，进行模型的创建。

3.1.2 结构柱的放置

(1) 放置垂直柱

启动结构柱命令后，【修改 | 放置结构柱】选项卡＞【放置】面板中默认【垂直柱】，见
图3-9。

在选项栏中，对柱子的上下边界进行设定，见图3-10。程序默认选择"深度"。

"高度"表示自本标高向上的界限。"深度"表示自本标高向下的界限。

---

❶ 本处为变量，应为斜体，但为与图中表述一致采用正体。全书一致。——编者注。

图 3-6

图 3-7

在"高度/深度"后面的一栏中,选择具体的界限如下。

① 选择某一标高平面,表示界限位于标高平面上。如选择"高度""标高3",那么该柱的上界就位于标高3上,且会随标高3的高度的改变而移动。

图 3-8

图 3-9

修改 | 放置 结构柱 　□ 放置后旋转 　深度： ∨ 　未连接 ∨ 　3000.0 　☑ 房间边界

图 3-10

② 选择"无连接"，需要在右侧的框中输入具体的数值。"无连接"意思是指，该构件向上或向下的具体尺寸，是一个固定值，在标高修改时，构件的高度保持不变。用户不能输入 0 或负值，否则系统会弹出警示，要求用户输入小于 9144000mm 的正值。

图 3-11

用户在属性面板中选择要放置的柱类型，并可对参数进行修改。也可以在放置后修改这些参数。属性面板见图 3-11。结构柱实例参数的含义，详细介绍如下。

① 限制条件

柱定位标记：项目轴网上垂直柱的坐标位置。

底部标高：柱底部标高的限制。

底部偏移：从底部标高到底部的偏移。

顶部标高：柱顶部标高的限制。

顶部偏移：从顶部标高到顶部的偏移。

柱样式："垂直""倾斜-端点控制"或"倾斜-角度控制"。指定可启用类型特有修改工具的柱的倾斜样式。

随轴网移动：将垂直柱限制条件改为轴网。结构柱会固定在该交点处，若轴网位置发生变化，柱会跟随轴网交点的移动而移动。

房间边界：将柱限制条件改为房间边界条件。

② 材质和装饰

结构材质：定义了该实例的材质。

③ 结构

启用分析模型：显示分析模型，并将它包含在分析计算中。默认情况下处于选中状态。

钢筋保护层-顶面：只适用于混凝土柱。设置与柱顶面间的钢筋保护层距离。

钢筋保护层-底面：只适用于混凝土柱。设置与柱底面间的钢筋保护层距离。

钢筋保护层-其他面：只适用于混凝土柱。设置从柱到其他图元面间的钢筋保护层距离。

顶部连接：只适用于钢柱。启用抗弯连接符号或抗剪连接符号的可见性。这些符号只有在与粗略视图中柱的主轴平行的立面和截面中才可见。

底部连接：只适用于钢柱。启用柱脚底板符号的可见性。这些符号只有在与粗略视图中柱的主轴平行的立面和截面中才可见。

④ 尺寸标注

体积：所选柱的体积。该值为只读。

⑤ 标识数据

创建的阶段：指明在哪一个阶段中创建了柱构件。

拆除的阶段：指明在哪一个阶段中拆除了柱构件。

提示

用户只能在平面中放置结构柱。在放置柱时，柱子的一个边界便已经被固定在该平面上，且会随该平面移动。

注意

选择"高度"时，后面设定的标高一定要比当前标高平面高。同样地，当选择"深度"时，后面设定的标高一定要比当前标高平面低。否则程序无法创建，并会出现警告框，见图 3-12。

图 3-12

在平面视图放置垂直柱，程序会显示柱子的预览。如果需要在放置时完成柱的旋转，则要勾选选项栏的"放置后旋转"，见图 3-13。放置后选择角度，见图 3-14，或者在放置前按空格键，每按一下空格键，柱子都会旋转，与选定位置处的相交轴网对齐，若没有轴网，按空格键时柱子会旋转 90°。

在视图中放置结构柱，可以一个一个地将柱子放置在所需要的位置，也可以批量地完成结构柱的放置。

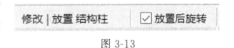

图 3-13

点击【修改｜放置结构柱】选项卡＞【多个】面板＞【在轴网处】，见图 3-15。

选择需要放置柱子处的相交轴网，见图 3-15，按"Ctrl"键可以继续选择，程序会在选择好的轴网（图 3-16）处生成柱子的预览。选择好后，点击【修改｜放置结构柱＞在轴网交点处】选项卡＞【多个】面板＞【完成】，见图 3-17，完成放置。

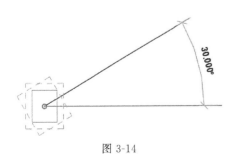

图 3-14

图 3-15

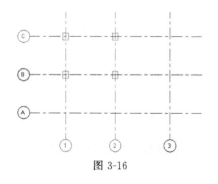

图 3-16

图 3-17

用户也可以框选多根轴线，框选时可以配合"Ctrl"键，选择完毕后点击"完成"，生成的柱见图 3-18。

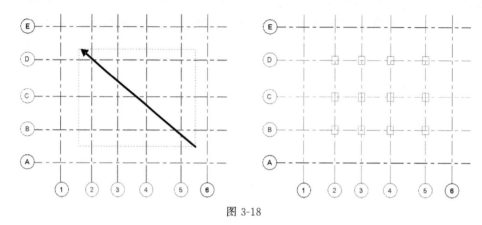

图 3-18

提示

在放置多个柱生成预览时，用户可以通过按空格键，对柱子进行 90°旋转。预览也会旋转，调整无误后，完成放置。

注意

如果在点击"完成"后出现如图 3-19 的警示框，则表示没有选中相交的轴网，无法生成柱。

(2) 放置斜柱

启动结构柱命令，点击【修改｜放置结构柱】选项卡＞【放置】面板＞【斜柱】，见图 3-20。

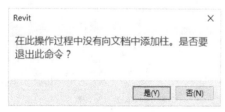

图 3-19

图 3-20

放置斜柱时，选项栏中可以设置斜柱上下端点的位置。"第一次点击"设置柱起点所在标高平面和相对该标高的偏移值，"第二次点击"设置柱终点所在标高平面和偏移值，"三维捕捉"表示在三维视图中捕捉柱子的起点和终点以放置斜柱，见图 3-21。

图 3-21

在平面视图的绘图区单击鼠标选择柱子的起点，再次单击选择柱子的终点，完成放置。

在三维视图中绘制，借助捕捉已有结构图元上的点，依次选择柱子的起点和终点，完成放置。相比平面视图中绘制，直观准确，推荐使用。

放置完成后可以在属性栏中对斜柱的参数进行修改。各参数的意义参考垂直柱。这里介绍"构造"一栏中的参数："截面样式"包含"垂直于轴线""垂直""水平"三种，可以设置柱底部和柱顶部的形式。"延伸"可以在原有结构柱的基础上向外部拓展一定的长度。

3.2 实例详解

启动柱命令，创建"500mm×500mm"类型混凝土柱。

进入"−0.1"平面视图，在选项栏中设置"高度""3.5"，见图 3-22。

图 3-22

在图中轴线交点处放置结构柱，见图 3-23。

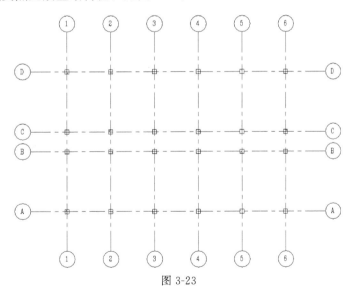

图 3-23

在放置柱时，会出现没有柱子预览的情况，见图 3-24。解决方法是在视图的属性面板中，将基线一栏选为"1.5"，见图 3-25。

完成后切换到立面视图，可以检查结构柱位置是否正确。打开南立面视图，见图 3-26。

一层柱的创建完成，三维视图中的效果见图 3-27。

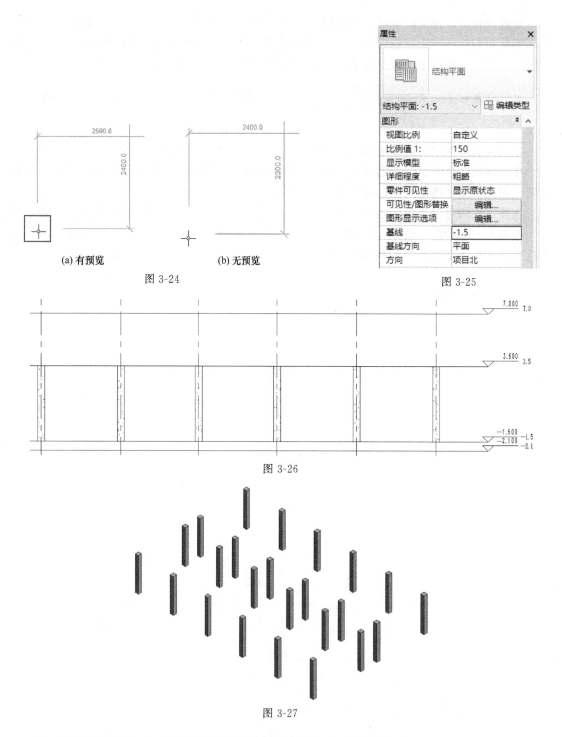

(a) 有预览   (b) 无预览

图 3-24

图 3-25

图 3-26

图 3-27

选中所有结构柱，在属性面板中将其材质设置为"＜按类别＞"。

ⓘ 注意

柱建模时，最好每层柱分别建模，尽量不要采取一个柱子贯通多层，这样会影响后面提到的结构分析。

提示

　　建议完成首层全部构件的创建后，再进行下一层的建模。因为可以将某一层的构件复制到另一标高处，完成另一楼层的创建，这一方法第5章会介绍。另外，在创建每一层的模型时，这种方法可以避免三维视图中上层结构对本层构件的遮挡，方便查看。

　　在本章实例详解中，只完成了一层柱的创建。在完成柱、梁、板构件的介绍，并创建好首层全部构件后，在第5章，会给出上部楼层的创建过程。

　　如需添加其余楼层柱，方法相同。例如，创建第二层柱，进入"3.5"平面视图，在选项栏中设置"高度"为"7.0"。在轴网交点处放置柱子。

3.3　结构柱族的创建

　　本节以直角梯形混凝土柱为例，说明如何创建一个程序自带族库中没有的结构柱族。

　　点击【应用程序菜单】＞【新建】＞【族】，弹出"新族-选择族样板"对话框。

（1）选择族样板

　　选择"公制结构柱.rft"族样板文件，点击"打开"，进入族编辑器，见图3-28。

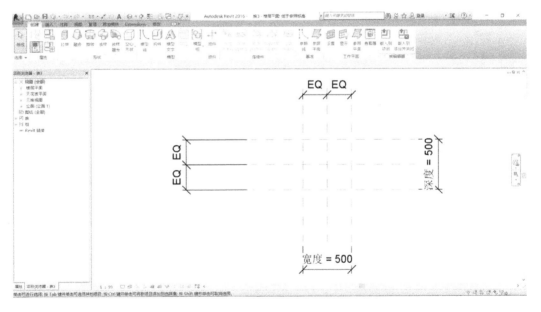

图 3-28

（2）设置"族类别和族参数"

　　点击【创建】选项卡＞【属性】面板＞【族类别和族参数】，结构柱样板已经默认将族类别设为"结构柱"。

　　将"用于模型行为的材质"改为"混凝土"，符号表示法设置为"从项目设置"，见图3-29。

　　下面说明上述所设置各族参数的意义。

① 符号表示法。控制载入到项目后框架梁图元的显示，有"从族""从项目设置"两个选项。"从族"表示在不同精细程度的视图中，图元的显示将会按照族编辑器中的设置进行显示。"从项目设置"表示框架梁在不同精细程度视图中的显示效果将会遵从项目"结构设置"中"符号表示法"中的设置。

② 用于模型行为的材质。有"钢""混凝土""预制混凝土""木材""其他"五个选项。选择不同的材质，在项目中软件会自动嵌入不同的结构参数。"混凝土""预制混凝土"会出现钢筋保护层参数。"木材"没有特殊的结构参数。在框架柱中"钢"没有特殊的参数，在结构框架中会出现"起拱尺寸""栓钉数"。

③ 显示在隐藏视图中。只有当"用于模型行为的材质"为"混凝土"或"预制混凝土"时才会出现，可以设置隐藏线的显示。在这里不做详细介绍，用户可以自己设置，观察显示的效果。

(3) 设置族类型和参数

点击【创建】选项卡>【属性】面板>【族类型】，打开"族类型"对话框，见图 3-30。

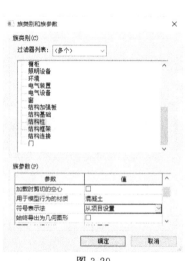

图 3-29

图 3-30

① 在"族类型"一栏中，点击"新建"，可以向族中添加类型。在弹出的"新建"对话框中，将类型命名为"标准"，见图 3-31，对已有的族类型可以进行"重命名"和"删除"操作。

图 3-31

② 已有的参数，可以进行"修改""删除"操作，并可移动上下位置。

使用修改，将"深度"重新命名为"h"，"宽度"重新命名为"b1"。

点击"参数"一栏中的"添加"，弹出"参数属性"对话框。在"参数数据"中作如下设置。

名称：输入"*b*"；规程：选择"公共"；参数类型：选择"长度"；参数分组方式：选择"尺寸标注"。

设置后如图 3-32，点击"确认"完成添加。可在"族类型"对话框中，通过"上移""下移"命令，来调整参数的顺序。

（4）创建参照平面

参照平面命令 【创建】选项卡＞【基准】面板＞【参照平面】

快捷键：RP

单击左键输入参照平面起点，再次单击左键输入参照平面的终点。

也可以选中现有的参照平面，通过复制命令（快捷键：CO）来添加新的参照平面。

在楼层平面"低于参照标高"视图中，绘制如图 3-33 所示的参照平面。

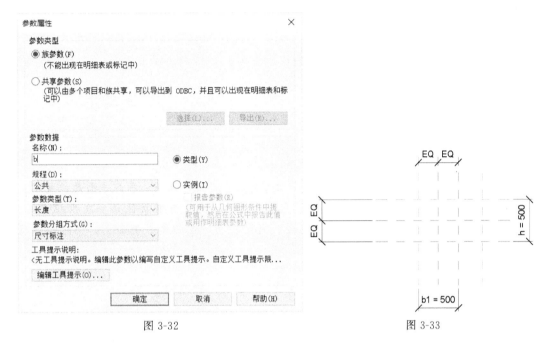

图 3-32   图 3-33

添加参照平面时，位置无须十分精确，添加在大致位置即可。后面会提到如何调整参照平面之间的尺寸关系。

（5）**为参照平面添加注释**

点击【注释】选项卡＞【尺寸标注】面板＞【对齐】，点取需要标注的参照平面，为其添加标注。选中标注后，在选项栏"标签"的下拉菜单中可以选择参数，见图 3-34，这样该参数就和所选中的标注关联起来，改变参数就可以使相应参考平面的位置发生变化。位置可以拖动，选择某一标注后，拖动标注线即可改变位置。

图 3-34

💡 提示

在标签下拉菜单中点击＜添加参数...＞，会弹出"参数属性"对话框，与上文图 3-31 所示一致，是添加参数的另一种方法。

添加尺寸标注，并与参数"b"相关联。在族类型中将参数"b"的值改为800，改变"b1＝500"标注的位置，见图3-35。改变标注位置，对模型没有影响，根据个人习惯进行摆放。

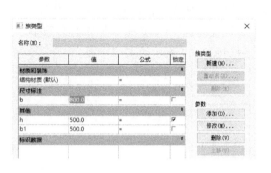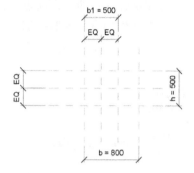

图 3-35

💡 **提示**

标注与参数相关联，就可以通过参照平面上的尺寸标注，来驱动参照平面的位置发生变化。如在族类型对话框中，将本例"b"参数值改为900，参照平面位置会发生相应变化，见图3-36。再将创建的实体模型或空心模型，固定在相对应的参照平面上，就能够实现通过调整参数调整模型的功能。

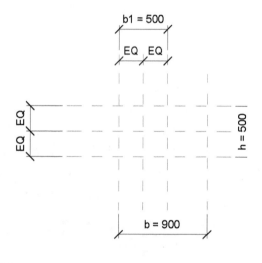

图 3-36

(6) 绘制模型形状

点击【创建】选项卡＞【形状】面板＞【拉伸】，进入编辑模式。在绘制一栏中选择绘制方式，创建供拉伸的截面形状，见图3-37。

使用"直线"，在选项栏中，勾选"链"，见图3-38，可以连续绘制直线。绘制如图3-39所示形状。

模型通过"对齐""锁定"来达到固定到相应参照平面的目的。

图 3-37

图 3-38

对齐命令 【修改】选项卡>【修改】面板>
【对齐】

　　快捷键为 AL

　　可以将一个或多个图元对齐。使用对齐命令,
先选取对齐的对象,可以是图上的线或点。之后选
取对齐的实体,实体便与选择的线或点对齐。

　　本例中将图形与相应的参照平面对齐。启动对
齐命令后：①点取参照平面,参照平面被选中高亮
显示,见图 3-40；②鼠标移动到要对齐的边上,该
边被高亮显示,见图 3-41,点取边,该边就与参照
面对齐,此时图中会出现一个图标🔓,见图 3-42；
③点击可以使小锁关闭,变为🔒,即完成了模型该
边的"对齐""锁定"操作,见图 3-43。

图 3-39

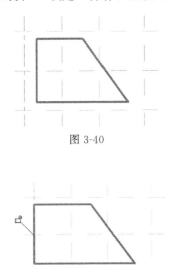

图 3-40

图 3-42

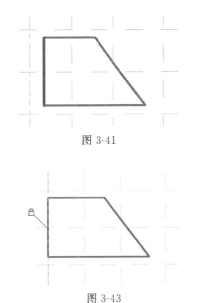

图 3-41

图 3-43

　　若要通过尺寸标注驱动直角梯形形状发生改变,除了将三个直角边固定在参照平面外还
需将上下底边与斜腰的交点锁定在参照平面上。点只有在平面上时才可与平面锁定,拖动端
点,先将点移动到要对齐的参照平面上,见图 3-44。再使用对齐命令依次点击参照平面与
点,完成对齐锁定,见图 3-45。同理,完成右下角点的锁定。

　　对齐锁定后,点击形状,会显示形状的关联状态,见图 3-46。

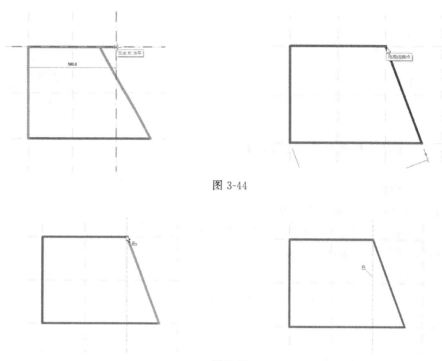

图 3-44

图 3-45

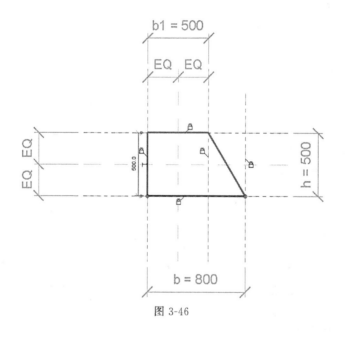

图 3-46

提示

若选择不到点时，可将鼠标移动到点附近，按键盘上"Tab"键，可以实现选择对象的切换，将要选中的图形会高亮显示。当点被高亮显示后，点击鼠标即可。

绘制完成后，点击【修改｜创建拉伸】选项卡＞【模式】面板＞【完成编辑模式】，见图3-47，退出创建命令。

图 3-47

💡 提示

图形会自动关联参照平面，保证其与相应的参照线间的距离不变。直接在参照平面上绘制本例图形，如图 3-48，程序会自动将图形和参照线"对齐""锁定"在一起，可不需再进行"对齐""锁定"操作。如果图形形状可以直接以参照平面为参照进行绘制，推荐选择此方法。

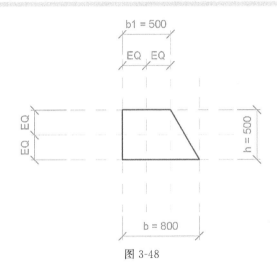

图 3-48

💡 提示

建议用户对齐锁定后，检查是否对齐锁定所有关键的点或线。可以通过更改尺寸标注所关联的参数，检查每个参数所对应的形状改变是否正确。

💡 提示

标注中的"EQ"意为该标注为等分标注，即标注中各"EQ"所代表的长度相等。用户可以使用这个功能方便地绘制对称截面以及控制对称截面尺寸的改变。一些族样板文件中会有设定好的等分标注。创建等分标注的方法：选中标注后，在尺寸标注处会出现 EQ，点击后该图标变为 EQ，标注也转为了等分标注，见图 3-49。

绘制完截面形状后，转到任意立面视图，将上下边缘对齐锁定在两个标高上，见图 3-50。保证该族的构件导入项目后，在立面中位置和高度的正确。

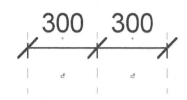 

图 3-49

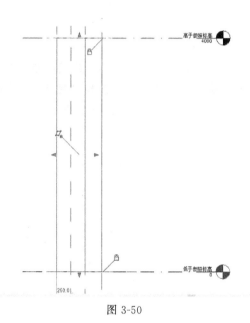

图 3-50

3.4 速博插件的应用

本节介绍使用速博插件创建结构柱族，以工字形截面钢柱为例。

点击【Extensions】选项卡＞【Autodesk Revit Extensions】面板＞【工具】＞【内容生成】，见图 3-51。打开"内容生成器"对话框，点击"参数截面"，"构件类型"勾选"柱"，点击"添加"，在"参数截面"对话框中，"截面"选择"标准"，"材料"选择"钢材"，截面类型为"工字形截面"，见图 3-52，点击"确定"完成。

图 3-51

之后，在"内容生成器"对话框中，便会显示出刚刚完成创建的截面。在右侧可以修改尺寸及构件的名称，程序会自动生成截面的特性，见图3-53。点击"确定"在项目中生成工字形钢柱族，对话框关闭，回到项目中。

【结构】选项卡＞【结构】面板＞【柱】，在"属性"面板类型选择器中选择"工字形截面（钢材)-柱"，见图 3-54。用户便可使用该结构柱进行模型的创建。

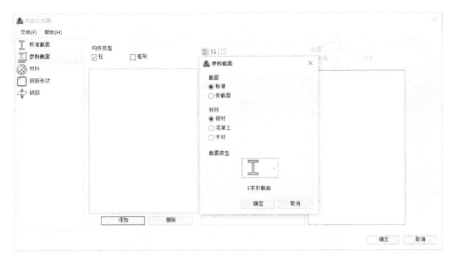

图 3-52

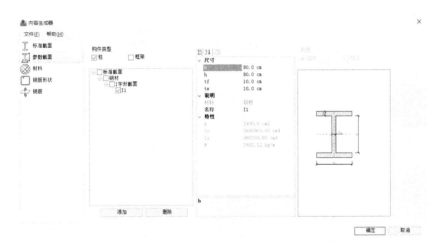

图 3-53

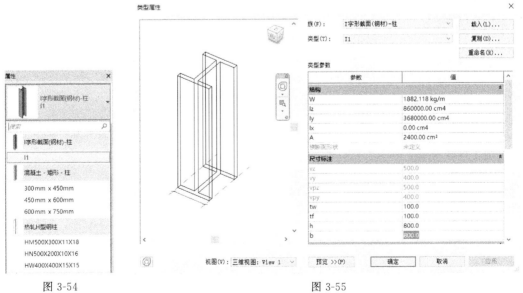

图 3-54

图 3-55

如果在复制创建新类型，输入新类型尺寸时，不清楚某个尺寸的含义，用户可以点击"类型属性"对话框中的"预览"按钮，在打开的预览视图中，可以查看各个参数所对应的尺寸，见图 3-55。

　　用户还可以通过"内容生成器"创建"标准截面"的柱，"标准截面"中包含许多常用的标准截面，见图 3-56，方便用户快速创建。

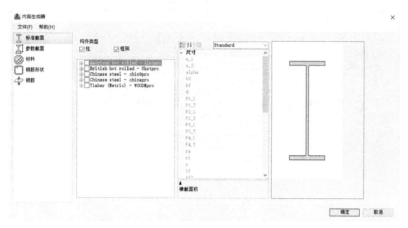

图 3-56

第 4 章

结构框架梁

本章要点 >>>

- 掌握结构框架梁命令
- 添加新的梁类型
- 框架梁各属性含义
- 使用族编辑器创建结构框架梁族
- 使用速博插件创建结构框架梁族

4.1 添加梁

4.1.1 梁的创建

结构框架梁命令 【结构】选项卡＞【结构】面板＞【梁】（图 4-1）。

快捷键：BM

在"属性"面板类型选择器中选择合适的梁类型，这里以创建"混凝土-矩形梁 250mm×500mm"为例。

点击"属性"面板中的"编辑类型"，打开"类型属性"对话框，点击"复制"。输入新类型名称，点击"确定"完成类型创建，然后在"类型属性"对话框中修改尺寸，见图 4-2。当项目中没有合适类型的梁时，可从外部载入构件族文件，载入方法在前一章节已详细说明，在此就不再赘述。

图 4-1

图 4-2

4.1.2 梁的放置

启动梁命令后，上下文选项卡【修改│放置梁】中，出现绘制面板，面板中包含了不同的绘制方式，依次为"直线""起点-终点-半径弧""圆心-端点弧""相切-端点弧""圆角弧""样条曲线""半椭圆""拾取线"以及可以放置多个梁的"在轴网上"，见图 4-3。一般使用

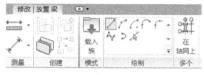

图 4-3

直线方式绘制梁。

在"属性"面板中可以修改梁的实例参数，也可以在放置后修改这些参数。下面对"属性"面板中一些主要参数进行说明。

① 参照标高：标高限制，取决于放置梁的工作平面。只读不可修改。

② YZ 轴对正：包含"统一"和"独立"两种。使用"统一"可为梁的起点和终点设置相同的参数。使用"独立"可为梁的起点和终点设置不同的参数。

③ 结构用途：用于指定梁的用途。包含"大梁""水平支撑""托梁""其他""檩条"和"弦"六种。

调整完"属性"面板中的参数后，在"状态栏"完成相应的设置，见图 4-4。

图 4-4

下面对"状态栏"的参数进行说明。

① 放置平面：系统会自动识别绘图区当前标高平面，不需要修改。如在结构平面标高 1 中绘制梁，则在创建梁后"放置平面"会自动显示"标高 1"，见图 4-5。

② 结构用途：这个参数用于指定结构的用途，包含"自动""大梁""水平支撑""托梁""其他"和"檩条"。系统默认为"自动"，会根据梁的支撑情况自动判断，用户也可以在绘制梁之前或之后修改结构用途。结构用途参数会被记录在结构框架的明细表中，方便统计各种类型的结构框架的数量。

③ 三维捕捉：勾选"三维捕捉"，可以在三维视图中捕捉到已有图元上的点，见图 4-6，从而便于绘制梁，不勾选则捕捉不到点。

④ 链：勾选"链"，可以连续地绘制梁，见图 4-7，若不勾选，则每次只能绘制一根梁，即每次都需要点选梁的起点和终点。当梁较多且连续集中时，推荐使用此功能。

图 4-5   图 4-6   图 4-7

💡 提示

梁添加到当前标高平面，梁的顶面位于当前标高平面上。用户可以更改竖向定位，选取需要修改的梁，在属性对话框中设置起点终点的标高偏移，正值向上，负值向下，单位为毫米。也可以修改竖向（Z 轴）对齐方式，可选择原点、梁顶、梁中心线或梁底与当前偏移平面对齐，默认为梁顶，见图 4-8。

在结构平面视图的绘图区绘制梁，点击选取梁的起点，拖动鼠标绘制梁线，至梁的终点再点击，完成一根梁的绘制。

在轴网上添加多个梁，启动梁命令，点击【修改｜放置梁】选项卡＞【多个】面板＞【在轴网上】。

选择需要放置梁的轴线，完成梁的添加，见图 4-9。也可以按住"Ctrl"键选择多条轴线，或框选轴线。放置完成后，点击功能区【完成✔】。

几何图形位置	
YZ 轴对正	统一
Y 轴对正	原点
Y 轴偏移值	0.0
Z 轴对正	顶
Z 轴偏移值	0.0

图 4-8

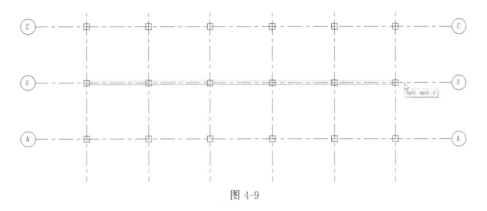

图 4-9

注意

选择轴网工具添加梁时，梁是自动放置在其他结构图元（如结构柱、结构墙等）之间的，所以要事先在轴网上放置其他结构图元。例如，一条轴线上放置了两根结构柱，使用轴网工具选择这条轴线，梁会自动添加到这两根结构柱之间。如果轴网上没有其他图元，选择轴网，点击"完成"后会弹出一个提示框，见图 4-10。

图 4-10

放置完成后选中添加的梁，在"属性"面板中，会显示出梁的属性，与放置前属性栏相比，新增如下几项。

① 起点标高偏移：梁起点与参照标高间的距离。当锁定构件时，会重设此处输入的值。锁定时只读。

② 终点标高偏移：梁端点与参照标高间的距离。当锁定构件时，会重设此处输入的值。锁定时只读。

③ 横截面旋转：控制旋转梁和支撑。从梁的工作平面和中心参照平面方向测量旋转角度。

④ 起点附着类型："终点高程"或"距离"。指定梁的高程方向。终点高程用于保持放置标高，距离用于确定柱上连接位置的方向。

4.1.3 梁系统

结构梁系统命令　【结构】选项卡＞【结构】面板＞【梁系统】（图 4-11）。

快捷键：BS

图 4-11

梁系统用于创建一系列平行放置的结构梁图元。如某个特定区域需要放置等间距固定数量的次梁，即可使用梁系统进行创建。用户可以通过手动创建梁系统边界和自动创建梁系统两种方法进行创建。

(1) 创建梁系统边界

启动【梁系统】命令后，进入创建梁系统边界模式，点击【修改│创建梁系统边界】选项卡＞【绘制】面板＞【边界线】，见图 4-12，可以使用面板中的各种绘图工具绘制梁边界。

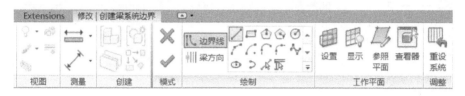

图 4-12

绘制方式有如下三种：①绘制水平闭合的轮廓；②通过拾取线（梁、结构墙等）的方式定义梁系统边界；③通过拾取支座的方式定义梁系统边界。

> **⚠ 注意**
>
> 采用拾取线的方式定义梁系统边界时，拾取的线必须构成一个封闭的区域，且必须闭合在一个环内，否则系统会提示错误，如图 4-13。

图 4-13

点击【修改│创建梁系统边界】选项卡＞【绘制】面板＞【梁方向】，在绘图区点击梁系统方向对应的边界线，即选中此方向为梁的方向，见图 4-14。点击【修改│创建梁系统边界】＞【模式】面板＞【✓】按钮，退出编辑模式，完成梁系统的创建。

梁系统是一定数量的梁按照一定的排布规则组成的，它有自己独立的属性，与梁的属性不同。选中梁系统，在"属性"面板或"选项栏"处编辑梁系统的属性，见图 4-15，主要包括布局规则、固定间距、梁类型等，用户可根据需要选择不同的布局排列规则。

点击【修改│结构梁系统】选项卡＞【模式】面板＞【编辑边界】，可进入编辑模式修改梁系统的边界和梁的方向；点击【删除梁系统】，可删除梁系统，见图 4-16。

图 4-14

图 4-15

图 4-16

⚠️ **注意**

删除梁系统只删除了它们之间的关系，梁系统中的梁不再是一个整体，但依然存在。

(2) 自动创建梁系统

当绘图区已有封闭的结构墙或梁时，启动【梁系统】命令，进入放置结构梁系统模式，功能区默认选择【自动创建梁系统】，见图 4-17。

选项栏显示见图 4-18。用户可以在此设置好梁系统中梁的类型、对正以及布局方式。

图 4-17

图 4-18

状态栏提示"选择某个支撑以创建与该支座平行的梁系统"。

光标移动到水平方向的支撑处，此时会显示出梁系统中各梁的中心线，见图 4-19，点击鼠标，系统会创建水平方向的梁系统，见图 4-20。

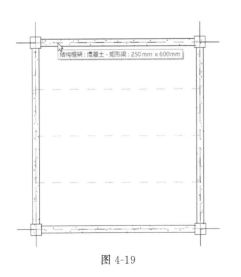

图 4-19

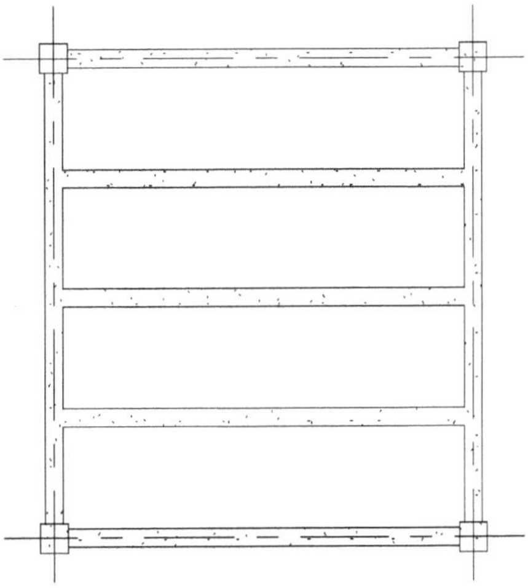

图 4-20

同理，光标移动到竖直方向的梁，出现一组竖直的虚线，点击鼠标，系统会自动创建竖直方向的梁系统。也可以在两个方向创建梁系统，见图 4-21。完成后按"Esc"键退出梁系统的放置。

选中梁系统，可以在"选项栏"或"属性"面板中对梁类型和布局规则等参数进行修改。

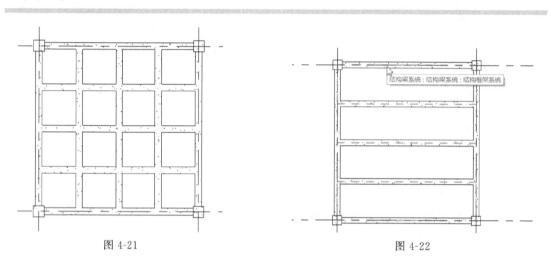

图 4-21   图 4-22

4.2 实例详解

启动梁命令，创建"250mm×500mm"的混凝土矩形梁。见图 4-23。

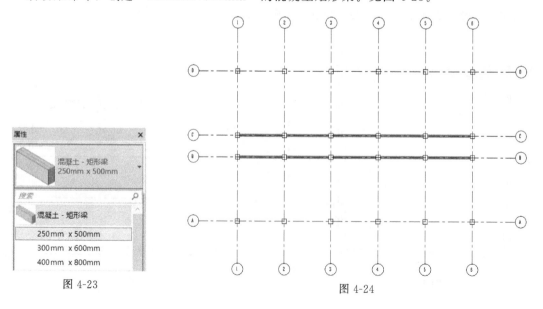

图 4-23   图 4-24

进入"3.5"平面视图，在类型选择器中选择刚刚创建的"250mm×500mm"混凝土矩形梁，在图 4-24 所示位置绘制该类型梁。

💡 提示

在这种情况下，添加 A、B、C、D 轴的梁，使用【多个】>【在轴网上】添加梁，是最便捷的方法。

在类型选择中选择"300mm×600mm"混凝土矩形梁，在图示位置添加梁，见图 4-25。

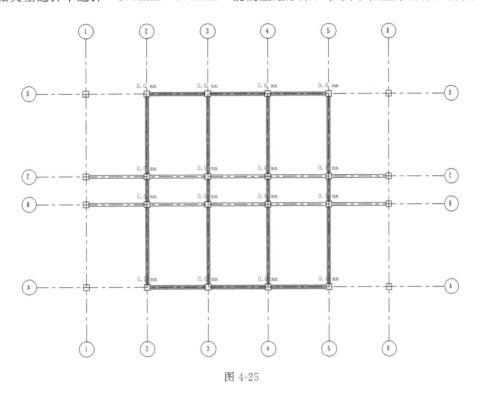

图 4-25

本层的梁添加完成，三维效果见图 4-26。

将所有梁属性面板中"结构材质"设为"<按类别>"。

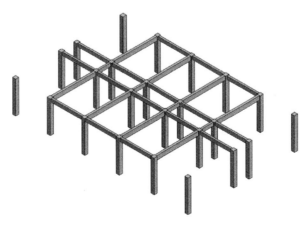

图 4-26

4.3 结构框架梁族的创建

本节以变截面混凝土矩形梁为例，说明如何创建结构框架梁族。

点击【应用程序菜单】＞【新建】＞【族】，弹出"新族-选择族样板"对话框。Revit 的样板库中，为结构框架提供了两个族样板："公制结构框架-梁和支撑.rft"和"公制结构框架-综合体和桁架.rft"。

(1) 选择族样板

选择"公制结构框架-梁和支撑.rft"，进入族编辑器，见图 4-27。样板中已经预先设置好了一个矩形截面梁模型。用户可根据需要对其进行修改或删除。本例将其删除。

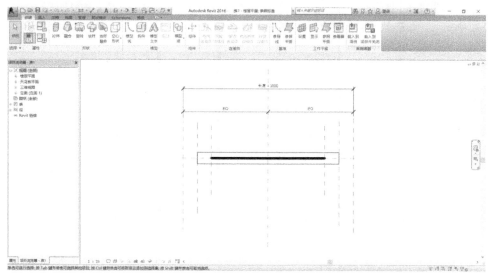

图 4-27

> **提示**
>
> 使用"公制结构框架-梁和支撑.rft"创建的族，最高点将会自动附着在当前标高面上。系统族库中的结构框架梁大部分是使用此样板创建的。

(2) 设置"族类别和族参数"

点击【创建】选项卡＞【属性】面板＞【族类别和族参数】，打开"族类别和族参数"对话框。"符号表示法"设置为"从族""用于模型行为的材质"设置为"混凝土""显示在隐藏视图中"设置为"被其他构件隐藏的边缘"，见图 4-28。

(3) 设置族类型和参数

点击【创建】选项卡＞【属性】面板＞【族类型】，添加"b""h""h1"三个类型参数。

(4) 创建参照平面

进入左立面视图，绘制参照平面，并添加标注，然后将标注与参数"b""h""h1"关联，如图 4-29 所示。

(5) 绘制模型形状

创建本例形状采用"放样融合"命令，在选好的路径首尾创建两个不同的轮廓，并沿此路径进行放样融合，以创建首尾形状不同的变截面梁。

删除样板中自带的图形。

在"项目浏览器"中，双击打开"楼层平面"中"参照标高"平面。

点击【创建】选项卡＞【形状】面板＞【放样融合】，进入编辑模式，此时的上下文选项卡如图 4-30 所示。在放样融合中，需要编辑"路径""轮廓 1""轮廓 2"三部分，才能完成创建。

点击【修改｜放样融合】选项卡＞【编辑】面板＞【绘制路径】，在视图中沿梁长度方向绘制路径，并将路径及端点与参照平面锁定，见图 4-31。点击【修改｜放样融合＞绘制路径】＞【模式】面板＞【✔】，完成路径绘制。

图 4-28

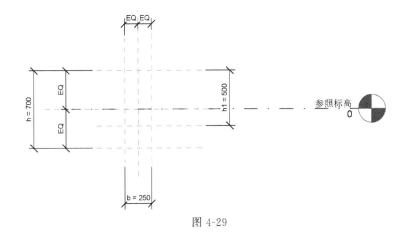

图 4-29

图 4-30

点击"选择轮廓 1"＞"编辑轮廓"，系统将弹出"转到视图"对话框，见图 4-32。选择"立面：左"，点击"打开视图"，将转到左立面视图进行轮廓的绘制。

在左立面视图绘制截面形状，并与相应的参照平面对齐锁定，见图 4-33。点击【修改｜放样融合＞编辑轮廓】＞【模式】面板＞【✔】完成轮廓 1 的绘制。

点击"选择轮廓 2"＞"编辑轮廓"，在绘图区绘制截面形状，并与参照平面对齐锁定，见图 4-34。点击按钮【✔】，完成轮廓 2 的绘制。再次点击按钮【✔】完成放样融合的编辑。

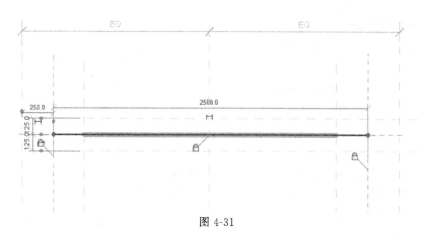

图 4-31

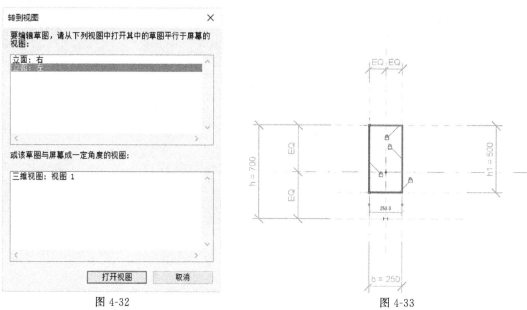

图 4-32

图 4-33

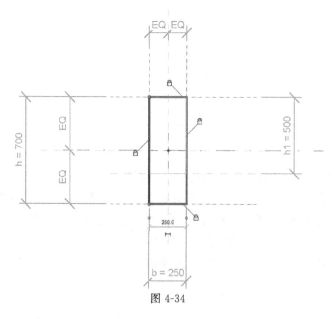

图 4-34

根据需要设置材质，完成框架梁族的创建。可在不同视图检查创建构件的形状是否正确。转到前立面视图，显示效果见图 4-35。转到三维视图，显示见图 4-36。

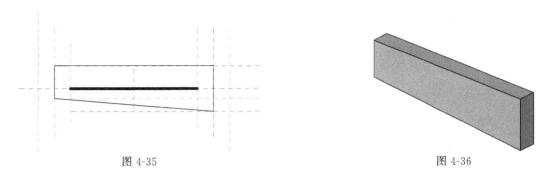

图 4-35

图 4-36

4.4 速博插件的应用

本节以变截面工字钢梁为例，介绍利用速博创建梁族。

点击【Extensions】选项卡>【工具】下拉菜单>【内容生成器】，见图 4-37。

图 4-37

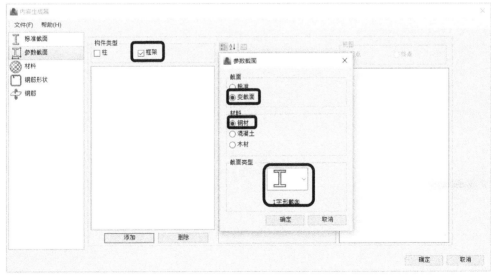

图 4-38

打开"内容生成器"对话框。在"内容生成器"对话框中，点击"参数截面"，构件类型勾选"框架"，点击"添加"，在"参数截面"对话框中，点选截面为"变截面"，材料为"钢材"，截面类型为"工字形"，见图 4-38，点击"确定"完成。

　　回到"内容生成器"对话框中，修改起点尺寸和终点尺寸，并可定义该族的名称，视图栏会显示起点和终点的截面形状，见图 4-39，点击"确定"即在项目中生成变截面工字钢梁族。

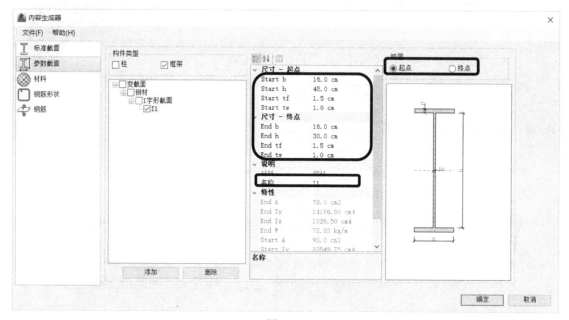

图 4-39

　　用速博插件生成的变截面梁，其截面形心在同一条水平线上。添加到项目中，立面效果见图 4-40。

图 4-40

第 5 章

非金属材料及制品

本章要点 》》》

◎ 添加结构墙

◎ 添加楼板

◎ 对结构墙、楼板进行修改

◎ 结构墙和楼板的各项属性

5.1 结构墙

5.1.1 结构墙的创建

结构墙命令 【结构】选项卡>【结构】面板>【墙】（图5-1）。

下拉菜单>选择"墙：结构"或"墙：建筑"（直接点击墙命令，程序默认选择结构墙）

在"属性面板"的类型选择器中，可以看到有多种墙体，见图5-2。结构中可选择"常规"墙体。结构墙是系统族文件，不能通过加载族的方式添加到项目中。只能在项目中通过复制来创建新的墙类型。以创建"常规-250mm"墙为例，选择"常规-200mm"，点击"编辑类型"，见图5-3。

打开"类型属性"对话框，点击"复制"，输入新类型名称"常规-250mm"，点击"确定"完成类型复制，见图5-4。

图 5-1

图 5-2

图 5-3

然后在"编辑类型"对话框中点击结构一栏中的"编辑"按钮。在弹出的"编辑构件"对话框中，可以添加新的墙体结构层或非结构层，为各个层赋予功能、材质和厚度，以及调整组成顺序。将结构层的厚度改为250，见图5-5。

更改完成后，点击"确认"完成编辑。回到"类型属性"对话框中，点击"确定"，完成新类型"常规-250mm"的创建。

5.1.2 结构墙的放置

结构墙只能在平面视图和三维视图中添加。在立面视图中无法启动命令。

图 5-4

图 5-5

图 5-6

启动结构墙命令，在选项卡【修改｜放置结构墙】中，出现绘制面板，面板中包含了不同的绘制方式，依次为"直线""矩形""内接多边形""外接多边形""圆形""起点-终点-半径弧""圆心-端点弧""相切-端点弧""圆角弧""拾取线""拾取面"，见图 5-6。

在属性面板的类型选择器中，选择所需的类型。此时，用户可对属性面板中的参数进行修改，也可以在放置后修改。参数的具体含义在本节最后会介绍。

在状态栏完成相应的设置，见图 5-7。

图 5-7

① 深度/高度：表示自本标高向下/向上的界限。

② 定位线：用来设置墙体与输入墙体定位线之间的位置关系。

③ 链：勾选后，可以连续地绘制墙体。

④ 偏移量：偏移定位线的距离。

⑤ 半径：勾选后，右侧的输入框激活，输入半径值。绘制的两段墙体之间，会以设定好半径的弧相连接。

在"绘制"面板中，选择一个绘制工具，可使用以下方法之一放置墙。

① 绘制墙。使用默认的"线"工具✐可通过在图形中指定起点和终点来放置直墙分段。或者，可以指定起点，沿所需方向移动光标，然后输入墙长度值。使用"绘制"面板中的其他工具，可以绘制矩形布局、多边形布局、圆形布局或弧形布局。使用任何一种工具绘制墙时，可以按空格键相对于墙的定位线翻转墙的内部/外部方向。

② 沿着现有的线放置墙。使用"拾取线"工具可以沿图形中选定的线来放置墙分

段。线可以是模型线、参照平面或图元（如屋顶、幕墙嵌板和其他墙）边缘。

💡 **提示**

要在整个线链上同时放置多个墙，请将光标移至一条线段上，按"Tab"键以将它们全部高亮显示，然后单击。

③ 将墙放置在现有面上。使用"拾取面"工具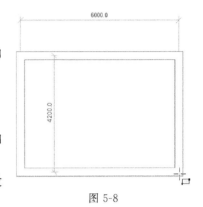可以将墙放置于在图形中选择的体量面或常规模型面上。

启动结构墙命令，在属性面板选择"常规-300mm"绘制如图 5-8 所示墙体。

结构墙的属性面板中各参数的意义如下。

① 限制条件

定位线：指定墙相对于项目立面中绘制线的位置。即使类型发生变化，墙的定位线也会保持相同。

底部限制条件：指定墙底部参照的标高。

底部偏移：指定墙底部距离其墙底定位标高的偏移。

已附着底部：指示墙底部是否附着到另一个构件，如结构楼板。该值为只读。

底部延伸距离：指明墙层底部移动的距离。将墙层设置为可延伸时启用此参数。

图 5-8

顶部约束：用于设置墙顶部标高的名称。可设置为标高或"未连接"。

无连接高度：如果墙顶定位标高为"未连接"，则可以设置墙的无连接高度。如果存在墙顶定位标高，则该值为只读。墙高度延伸到在"无连接高度"中指定的值。

顶部偏移：墙距顶部标高的偏移。将"顶部约束"设置为标高时，才启用此参数。

已附着顶部：指示墙顶部是否附着到另一个构件，如结构楼板。该值为只读。

顶部延伸距离：指明墙层顶部移动的距离。将墙层设置为可延伸时启用此参数。

房间边界：指明墙是否是房间边界的一部分。在放置墙之后启用此参数。

与体量相关：该值为只读。

② 结构

结构：指定墙为结构图元能够获得一个分析模型。

启用分析模型：显示分析模型，并将它包含在分析计算中。默认情况下处于选中状态。

结构用途：墙的结构用途。承重、抗剪或者复合结构。

钢筋保护层-外部面：指定与墙外部面之间的钢筋保护层距离。

钢筋保护层-内部面：指定与墙内部面之间的钢筋保护层距离。

钢筋保护层-其他面：指定与邻近图元面之间的钢筋保护层距离。

③ 尺寸标注

长度：指示墙的长度。该值为只读。

面积：指示墙的面积。该值为只读。

体积：指示墙的体积。该值为只读。

④ 标识数据

注释：用于输入墙注释的字段。

标记：为墙所创建的标签。对于项目中的每个图元，此值都必须是唯一的。如果此数值已被使用，Revit 会发出警告信息，但允许用户继续使用它。

⑤ 阶段化

创建的阶段：指明在哪一个阶段中创建了墙构件。

拆除的阶段：指明在哪一个阶段中拆除了墙构件。

5.1.3 结构墙的修改

已放置的墙体，可以编辑轮廓、设置墙顶部或底部与其他构件的附着。

点击已布置的墙体，在【修改｜墙】上下文选项卡会显示出修改墙的命令，见图5-9。

图 5-9

(1) 编辑轮廓

进入南立面视图，选中墙体，点击【编辑轮廓】。双击墙体也可以进入编辑轮廓界面。

图 5-10

在编辑轮廓的模式下，所选中的墙会被高亮显示，见图5-10。用户可以修改墙现有的轮廓线，也可以添加新的轮廓线。

本例中，为墙添加门窗洞口。

点击绘制面板中的"矩形"命令，在墙上绘制矩形开洞。点击鼠标开始绘制，移动鼠标，会显示出洞口尺寸大小，再次点击鼠标完成绘制，在矩形的周围会显示出洞口尺寸以及距离墙外轮廓的距离。此时，鼠标点击数值，对数值进行编辑，可对洞口位置进行修改，见图5-11。

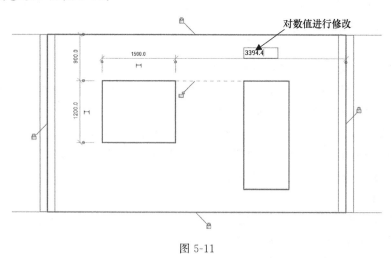

图 5-11

编辑完成后，点击【修改｜编辑轮廓】面板＞【模式】选项卡＞"✓"按钮，退出编辑模式。

🔆 **提示**

编辑轮廓只能在立面或三维中进行，若在平面视图中选中，程序会弹出"转到视图"对话框。选择好相应的视图，点击"打开视图"。

🔆 **提示**

编辑轮廓时，注意轮廓线要围成一个封闭的图形，且轮廓线和轮廓线不得有重叠的部分。

在墙上添加洞口，也可以使用洞口命令添加。洞口命令的使用，会在本章的实例应用中详细说明。

(2) 附着顶部/底部

该命令可以将墙体顶部或底部的轮廓线附着到楼板、楼梯或上下对齐的墙上。附着后，该轮廓线便固定在相应的构件上，用户不能对该轮廓进行拖动。如果需要取消附着，点击"分离顶部/底部"命令。在下节为本节创建的墙添加楼板，会对附着进行举例说明。

🔆 **提示**

用户设置了"附着顶部/底部"的墙体，启动编辑轮廓命令时程序会提示删除附着，见图 5-12。

图 5-12

5.2 结构楼板

5.2.1 结构楼板的创建

楼板：结构命令 【结构】选项卡＞【结构】面板＞【楼板】
快捷键：SB

在下拉菜单中，可以选择"楼板：结构""楼板：建筑"或"楼板：楼板边"，见图 5-13。点击图标或使用快捷键启动命令后，程序会默认选择"楼板：结构"。

结构楼板也是系统族文件，只能通过复制的方式创建新类型。

启动命令后，在功能区会显示【修改 | 创建楼板边界】选项卡，包含了楼板的编辑命令。默认选择为"边界线"，其中包含了绘制楼板边界线的"直线""矩形""多边形""圆"等工具，见图 5-14。

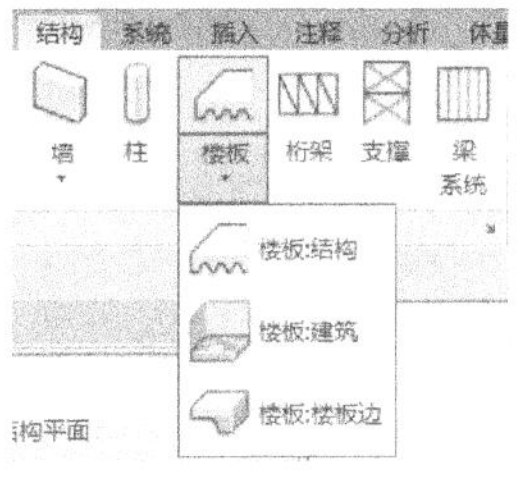

图 5-13

图 5-14

在属性面板的类型选择器中，选择"常规-300mm"。点击"编辑类型"，在弹出的类型属性对话框中，点击"复制"，在弹出的对话框中为新创建的类型命名为"常规-150mm"，见图 5-15。

点击类型属性对话框中的"编辑"按钮，弹出"编辑部件"对话框，设置结构层的厚度为 150mm，点击"确认"完成更改，然后"确认"完成类型创建，见图 5-16。

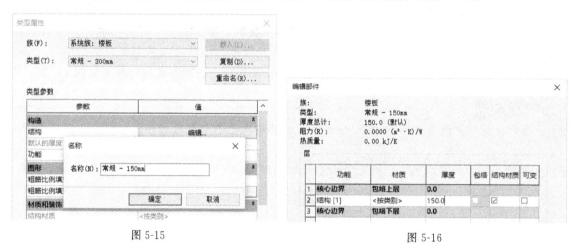

图 5-15   图 5-16

5.2.2 结构楼板的放置

在属性面板类型选择器中，选择好楼板类型后，进行楼板放置。属性面板中，楼板各实例参数的含义，在本节最后会介绍。

(1) 绘制边界

在【绘制】面板>"边界线"中选择合适的楼板边界的绘制方式，本例选择"直线"。在选项栏中，可以进行绘制时定位线的相关设置，见图 5-17。选项栏中的内容会随着绘制方式的改变而改变。

图 5-17

① 链：默认为选中状态，可以连续地绘制边界线，用户也可根据需要取消勾选。

② 偏移量：边界线偏移所绘制定位线的距离，方便用户创建悬臂板。

③ 半径：勾选后，右侧的输入框激活，输入半径值。绘制的两段定位线之间，会以设定好半径的弧相连接。

为上节创建的墙添加双坡屋顶，进入标高 2。使用上节创建的"常规-150mm"楼板。在绘图区域绘制如图 5-18 所示的楼板的边缘。

（2）坡度箭头

点击"坡度箭头"按钮，可以创建倾斜结构楼板。不添加坡度箭头，程序会创建平面楼板。

【绘制】面板中，提供了两个绘制坡度箭头的工具，"直线"和"拾取线"，"直线"被默认选中。

第一次点击鼠标左键，确定了坡度箭头的起点，此时显示出一根鼠标处带有箭头的蓝色虚线。将鼠标移至坡度线的终点，再次点击鼠标左键，完成坡度箭头的创建。

在绘图区拖动鼠标绘制如图 5-19 所示坡度箭头。

点击鼠标确定终点后，属性面板会显示坡度箭头的相关属性。在属性面板中完成设置，见图 5-20。

① 指定：包含"尾高"和"坡度"两个选项。默认会选择尾高。

② 最低处标高、尾高度偏移：这两项对应坡度箭头的起点，即没有箭头的一端。在最低处标高一栏选择一个标高，尾高度偏移指楼板在坡度起点处相对于该标高的偏移量。

③ 最高处标高、头高度偏移：这两项对应坡度箭头的终点，各项含义与上述相同。

图 5-18

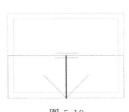

图 5-19

图 5-20

（3）跨方向

用户可以使用绘图面板里的"直线""拾取线"工具来设定板的跨度方向。跨度方向指金属板放置的方向。使用楼板跨方向符号更改钢面板的方向。

完成上述操作后，点击【修改｜编辑轮廓】面板＞【模式】选项卡＞"✔"按钮，退出编辑模式。此时，程序会弹出提示框，见图 5-21。

图 5-21

此处点击"否"，同样的方法，完成另一半楼板的创建。若选择"是"，墙体将会附着在楼板上。下面介绍通过【附着顶部/底部】命令，完成该操作的方法。

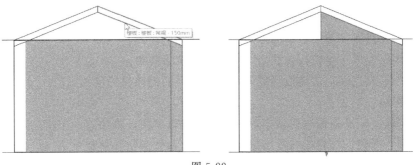

图 5-22

进入东立面视图，选中墙体点击【修改|墙】选项卡>【修改墙】面板>【附着顶部/底部】。点击楼板，可将墙的顶部附着在楼板上，见图5-22。同样，完成墙体对另一半楼板的附着。进入西立面视图，将墙体附着在楼板上。

进入三维视图，见图5-23。

💡 **提示**

放置结构楼板时，会在平面视图中与该结构楼板一起放置一个跨方向构件。按照半实心箭头方向指定层面板跨方向。

添加楼板边。点击【结构】选项卡>【结构】面板>【楼板】中的【楼板：楼板边】。

点击需要添加楼板边的楼板边缘线，点击 ↕️ 形状图标调整楼板边缘的方向。在平面、立面、三维视图中均可进行楼板边缘的创建。为了方便观察和调整，建议在三维视图中完成创建。添加后的效果见图5-24。

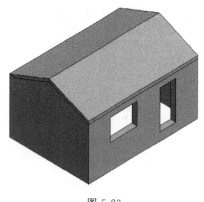

图 5-23

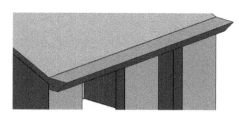

图 5-24

楼板属性面板中的实例参数介绍如下。

① 限制条件

标高：将楼板约束到的标高。

自标高的高度偏移：指定楼板顶部相对于标高参数的高程。

房间边界：表明楼板是房间边界图元。

与体量相关：指示此图元是从体量图元创建的。该值为只读。

② 结构

结构：指示此图元有一个分析模型。

启用分析模型：显示分析模型，并将它包含在分析计算中。默认情况下处于选中状态。

钢筋保护层-顶面：与楼板顶面之间的钢筋保护层距离。

钢筋保护层-底面：与楼板底面之间的钢筋保护层距离。

钢筋保护层-其他面：从楼板到邻近图元面之间的钢筋保护层距离。

③ 尺寸标注

坡度：将坡度定义线修改为指定值，而无需编辑草图。如果有一条坡度定义线，则此参数最初会显示一个值。如果没有坡度定义线，则此参数为空并被禁用。

周长：楼板的周长。该值为只读。

面积：楼板的面积。该值为只读。

体积：楼板的体积。该值为只读。

顶部高程：指示用于对楼板顶部进行标记的高程。这是一个只读参数，它报告倾斜平面的变化。

底部高程：指示用于对楼板底部进行标记的高程。这是一个只读参数，它报告倾斜平面的变化。

厚度：楼板的厚度。除非应用了形状编辑，而且其类型包含可变层，否则这将是一个只读值。如果此值可写入，可以使用此值来设置一致的楼板厚度。如果厚度可变，此条目可以为空。

5.3　实例详解

5.3.1　向项目中添加墙

打开"实例应用"，进入"－1.5"平面视图。启动结构墙命令，在属性面板类型选择器中，选择基本墙中的"常规-300mm"，在选项栏中设置"高度""3.5"，见图 5-25。

图 5-25

在绘图区域添加墙体，添加时注意一段一段地添加，点取柱子轮廓与轴线的交点作为墙体的起终点，见图 5-26。

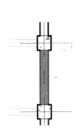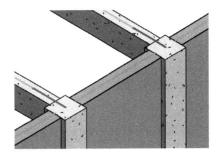

图 5-26

如果不分段添加，直接添加整面墙体，或是分段绘制时，点取了结构柱的中心点，墙体会作为整片墙剪切结构柱，见图 5-27。按照整片墙的方法创建，在配筋时无法单独对其中的某片墙体添加配筋。因此，本书采用分段添加的方法。

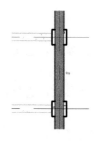
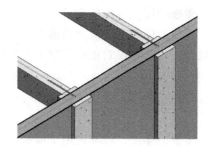

图 5-27

在图 5-28 所示位置完成墙体放置。

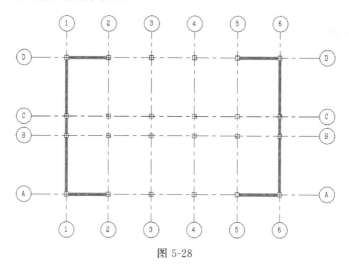

图 5-28

打开 "3.5" 平面视图,调整柱的位置,使用对齐命令,使柱和梁与墙的外边缘线对齐,并调整墙端点,使位于柱的边界,见图 5-29。其余柱同理。

图 5-29

进入南立面视图,方便观察墙体和洞口,此处视觉样式设为 "隐藏线"。在所添加的墙体上添加洞口。所有洞口尺寸为 1500mm×1500mm,洞口底部高度(窗台高)为 900mm,位于墙体的居中位置。

以 1、2 轴间的墙体为例。点击【结构】选项卡>【洞口】面板>【墙】,见图 5-30,启动墙洞口命令。

图 5-30

选择需要添加洞口的墙,鼠标变为 ,单击鼠标左键依次选定矩形洞口的对角点,大小、位置随意。绘制完成，选中所添加的洞口，会显示出各部分的尺寸，见图5-31。通过这些尺寸调整洞口的大小和位置。点击尺寸标注的数字，变为可编辑状态，见图5-32。根据轴线间距和层高，调整洞口的位置和大小，见图5-33。在属性栏中调整洞口的竖向尺寸。将"顶部偏移"设为−1100，"底部偏移"设为2400，见图5-34。

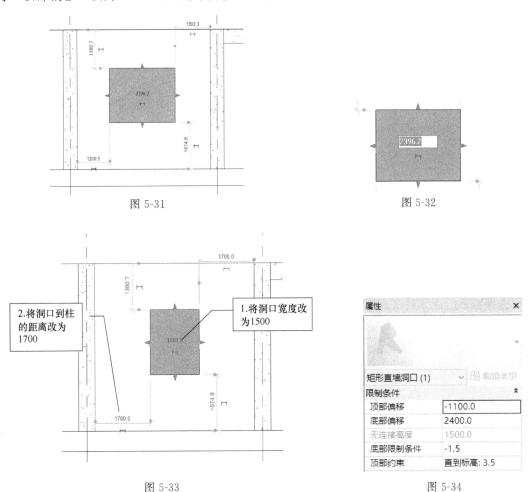

图5-31

图5-32

图5-33

图5-34

完成后效果见图5-35。

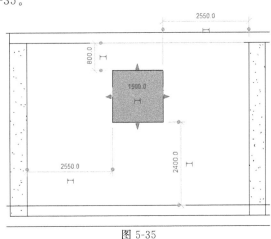

图5-35

用户也可以拖动洞口四周的箭头，更改洞口的尺寸。程序会在尺寸标注的每个整100mm处调整所拖动的轮廓线位置。

按照类似的方法，为本层图5-36所示的墙体添加洞口。添加完成后，效果见图5-37。

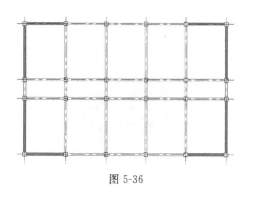

图 5-36

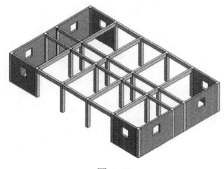

图 5-37

5.3.2 向项目中添加楼板

进入"3.5"平面视图，启动楼板命令。创建"常规-120mm"类型的楼板。

选择矩形绘制方式。点击对角两个轴线的交点，沿最外侧梁和墙的轴线创建楼板边界，见图5-38。绘制完边界后点击图标，系统会弹出如图5-39所示的提示框。用户可根据需要进行选择，本处选择"否"。

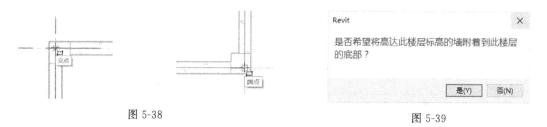

图 5-38

图 5-39

添加完楼板后，被楼板遮挡的墙和梁将以虚线的形式显示，见图5-40。图中已将和楼板一起生成的跨方向符号删去。

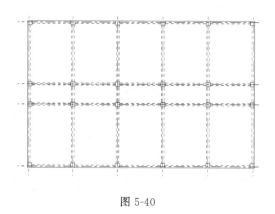

图 5-40

之后为楼梯间添加洞口，楼梯间的位置位于 3—4 轴/C—D 轴。

点击【结构】选项卡＞【洞口】面板＞【按面】，见图 5-41。启动面洞口命令。

图 5-41

状态栏会给出操作的提示，见图 5-42。

选择屋顶、楼板、天花板、梁或柱的平面。将垂直于选定的面剪切洞口。

图 5-42

选中需要添加洞口的楼板，见图 5-43。

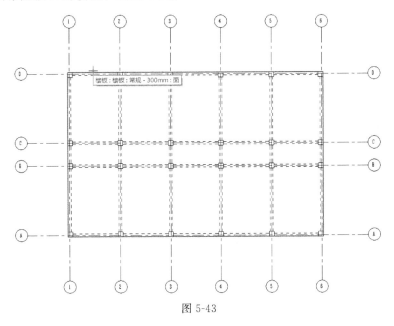

图 5-43

选中楼板后，进入编辑模式，创建洞口边界。用户在【修改｜编辑边界】选项卡【绘制】面板中，选择矩形的绘制方式。绘制如图 5-44 的洞口。

图 5-44

点击【模式】面板的【】，完成洞口的创建，见图 5-45。楼板会剪切梁、柱和墙，如本例中间的柱子截面完全位于楼板中。在结构配筋的章节会提到楼板剪切的影响。

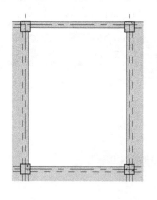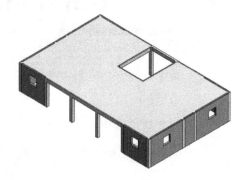

图 5-45

由于楼板和墙的结构层材质默认为"按类别"，本例中不再进行设置。

至此，此项目中上部结构构件的建模已经介绍完，用户使用同样的方法，可以完成 2 至 6 层的创建。下面介绍一种复制本标高构件到其他标高，快速建模的方法。

选中 1 层的全部构件，可在立面或三维视图中进行选择。点击【修改｜选择多个】选项卡＞【剪贴板】面板＞【复制到剪贴板】，见图 5-46。点击【粘贴】下拉菜单中的"与选定的标高对齐"，见图 5-47。弹出选择标高对话框，选择 3.5，见图 5-48。

图 5-46

图 5-47

由于首层的层高为 5m，其余层的层高为 3.5m，还需要对复制的构件进行调整。

选中构件后，在属性面板中进行调整。

楼板："标高"为 7.0，偏移改为 0。

梁："参照标高"为 7.0，偏移改为 0。

柱："底部标高"为 3.5，顶部标高为 7.0，偏移改为 0。

由于墙没有附着到楼板底部，因此墙的高度不会随楼板的变化而变化。调整墙上洞口，洞口底部高出本层标高 900mm。

墙："底部限制条件"为 3.5，"顶部约束"为直到标高 7.0，偏移改为 0。二层创建完成后的效果见图 5-49。

其余楼层高度与二层相同，选择二层构件后，复制到其他标高。在立面或三维视图中，选中二层构件，见图 5-50。复制生成的顶层楼板需要删除楼梯洞口。

由于屋面板厚不同，进入"21.0"视图双击复制生成的"常规-120mm"楼板，进入编辑边界模式，采用拾取支座的绘制方式，点取相应位置梁，见图 5-51。

这里介绍修改命令的使用。

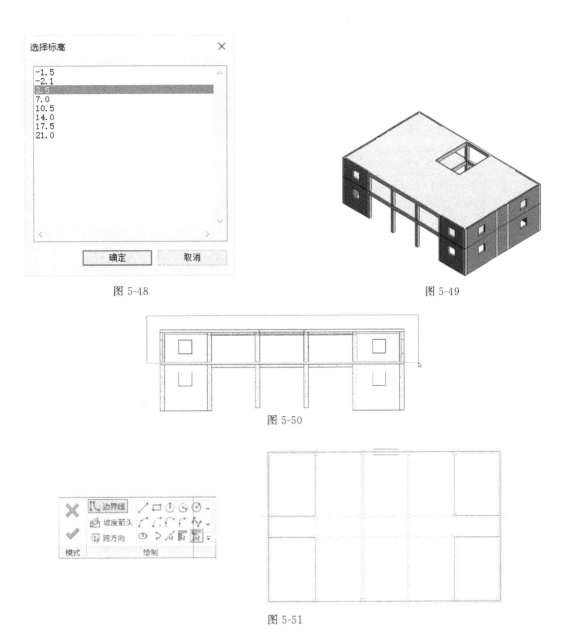

图 5-48

图 5-49

图 5-50

图 5-51

修剪命令 【修改】选项卡＞【修改】面板＞【修剪/延伸为角】

快捷键：TR

启动命令后，点击图元需要保留的部分，程序会以这两个图元为边界，自动将多余的部分删去，见图 5-52。

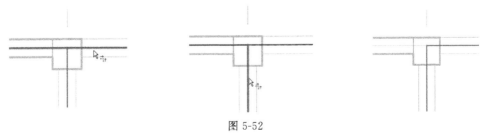

图 5-52

修改后的边界见图 5-53，之后创建"常规-140mm"楼板，以其中一块为例，边界见图
5-54。

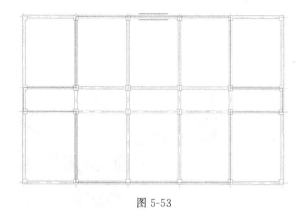

图 5-53   图 5-54

完成后，模型的三维效果见图 5-55。

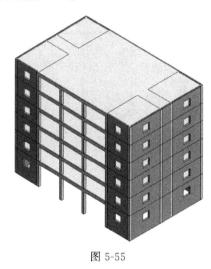

图 5-55

第 6 章

基　础

本章要点 >>>

◎ 掌握基础命令

◎ 添加新的基础类型

◎ 基础各属性含义

◎ 使用族编辑器创建基础族

6.1 添加基础

Revit 中的基础包含独立基础、条形基础和基础底板三种类型。

6.1.1 独立基础

结构基础：独立命令 【结构】选项卡＞【基础】面板＞【独立】（图 6-1）

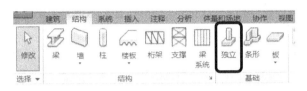

图 6-1

启动命令后，在属性面板类型选择器下拉菜单中选择合适的独立基础类型，如果没有合适的尺寸类型，可以在属性面板"编辑类型"中通过复制的方法进行创建新类型，见图 6-2。如果没有合适的族，可以载入外部族文件，具体的操作方法前面章节已详细介绍。

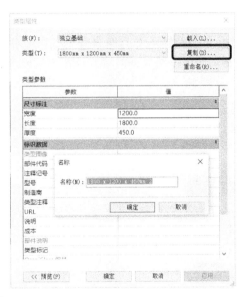

图 6-2

在放置前，可对属性面板中"标高"和"偏移量"两个参数进行修改，调整放置的位置。下面对"属性"面板中的一些参数进行说明。

① 限制条件

标高：将基础约束到的标高。默认为当前标高平面。

主体：将独立板主体约束到的标高。

偏移量：指定独立基础相对其标高的顶部高程。正值向上，负值向下。

② 尺寸标注

底部高程：指示用于对基础底部进行标记的高程。只读不可修改，它报告倾斜平面的变化。

顶部高程：指示用于对基础顶部进行标记的高程。只读不可修改，它报告倾斜平面的变化。

类似结构柱的放置，独立基础的放置有三种方式。

方法1：在绘图区点击直接放置，如果需要旋转基础，可在放置前勾选选项栏中的"放置后旋转"，见图6-3。或者在点击鼠标放置前按"空格"键进行旋转。

方法2：点击【修改|放置独立基础】选项卡>【多个】面板>【在轴网处】，见图6-4，选择需要放置基础的相交轴网，按住"Ctrl"键可以多个选择，也可以通过从右下往左上框选的方式来选中轴网。

方法3：点击【修改|放置独立基础】选项卡>【多个】面板>【在柱处】，选择需要放置基础处的结构柱，系统会将基础放置在柱底端，并且自动生成预览效果，点击【✔】完成放置。

图6-3

图6-4

Revit中的基础，上表面与标高平齐，即标高指的是基础构件顶部的标高，见图6-5。如需将基础底面移动至标高位置，使用对齐命令即可。

图6-5

提示

通过方法2和方法3放置多个基础时，在系统生成基础的预览时，按"空格"键可以对基础进行统一旋转。

注意

采用"在柱处"放置基础时，建议在柱底端所在标高平面进行放置。若在柱顶端平面或其他较高的标高平面放置，基础生成后，在当前标高平面不可见，系统会发出警告，见图6-6。

在三维视图中放置独立基础，点击【修改|放置独立基础】选项卡>【多个】面板>【在柱处】，在"选项栏"中的"标高"处选择基础放置的标高平面，见图6-7，然后再选择需要放置基础处的结构柱，点击"完成"。用户也可直接在三维视图中放置。

图6-6

图6-7

Revit 中基础有体积重合时，会自动连接，但是无法放置多柱独立基础，只能按照单柱独立基础输入。

6.1.2　条形基础

结构基础：墙命令　【结构】选项卡＞【基础】面板＞【条形】（图 6-8）
　　　　　　　　快捷键：FT

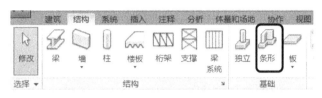

图 6-8

在"属性"面板类型选择器下拉菜单中选择合适的条形基础类型，主要有"承重基础"和"挡土墙基础"两种，默认结构样板文件中包含"承重基础-900×300"和"挡土墙基础-300×600×300"，见图 6-9，用户可根据实际工程情况进行选择。

不同于独立基础，条形基础是系统族，用户只能在系统自带的条形基础类型下通过复制的方法添加新类型，不能将外部的族文件加载到项目中。点击"属性"面板中的"编辑类型"，打开"类型属性"对话框，点击"复制"，输入新类型名称。点击"确定"完成类型创建，然后在"编辑类型"对话框中修改参数，注意选择基础的结构用途，见图 6-10。

图 6-9

图 6-10

下面对两种结构用途的各个类型参数进行说明。

① 坡脚长度：挡土墙边缘到基础外侧面的距离。

② 跟部长度：挡土墙边缘到基础内侧面的距离。见图 6-11。

③ 宽度：承重基础的总宽度。

④ 基础厚度：基础的高度。

⑤ 默认端点延伸长度：表示基础将延伸到墙端点之外的距离。

⑥ 不在插入对象处打断：表示基础在插入点（如延伸到墙底部的门和窗等洞口）下是连续还是打断，默认为勾选。

条形基础是依附于墙体的，所以只有在有墙体存在的情况下才能添加条形基础，并且条形基础会随着墙体的移动而移动，如

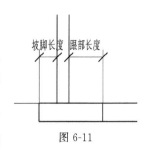

图 6-11

果删除条形基础所依附的墙体，则条形基础也会被删除。在平面标高视图中，条形基础的放置有两种方式。

方法 1：在绘图区直接依次点击需要使用条形基础的墙体，见图 6-12。

方法 2：点击【修改｜放置条形基础】选项卡＞【多个】面板＞【选择多个】，见图 6-13，按住"Ctrl"键依次点击需要使用条形基础的墙体，或者直接框选，然后点击【完成】。

在三维视图中的放置方式相同，见图 6-14。

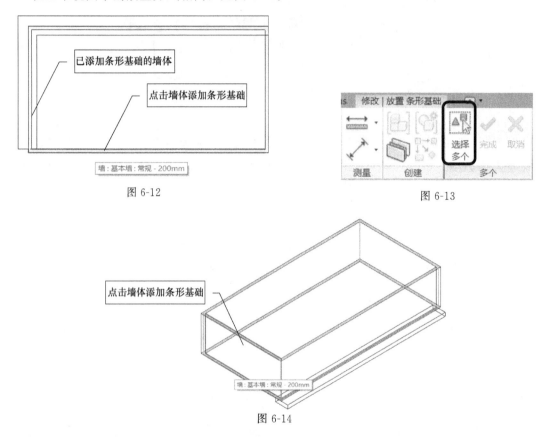

图 6-12

图 6-13

图 6-14

完成后，按"Esc"键退出放置模式。

点击选中条形基础，可对放置好的条形基础进行修改。对于承重基础，可在"属性"面板修改"偏心"，即基础相对于墙的偏移距离，见图 6-15，正值向外侧，负值向内侧。属性面板中其他参数含义与独立基础相同，此处不再详细介绍。

对于挡土墙基础，可点击绘图区的翻转符号 ⇆ ，见图 6-16，对调基础的坡脚和跟部。

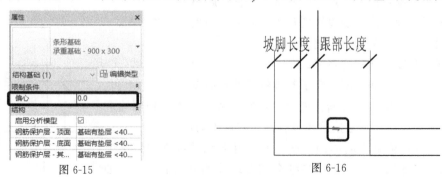

图 6-15

图 6-16

设置条形基础在门下打断，点击"属性"面板中的"编辑类型"，在"类型属性"对话框中可对"不在插入对象处打断"进行选择，默认为勾选，见图6-17。

图 6-17

通过图6-18可以看出勾选与不勾选的差别。

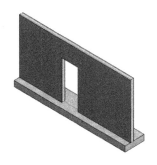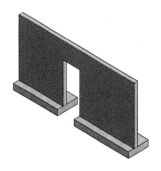

勾选"不在插入对象处打断"　　　　　　　　　　不勾选"不在插入对象处打断"

图 6-18

图中的门是通过门命令创建的

门命令 【建筑】选项卡＞【构建】面板＞【门】。

注意

使用墙洞口创建的洞口，洞口延伸到墙的底部，打断条形基础。无论是否勾选"类型属性"对话框中的"不在插入对象处打断"，基础都会被打断，效果见图6-19。

墙洞口命令 【结构】选项卡＞【洞口】面板＞【墙】

6.1.3　基础板

结构基础：楼板命令 【结构】选项卡＞【基础】面板＞【板】（图6-20）

和条形基础一样，板基础也是系统族文件，用户只能使用复制的方法添加新的类型，不能从外部加载自己创建的族文件。

【板】下拉菜单包含"楼板"和"楼板边"两个命令，其中"楼板边"命令的用法和前

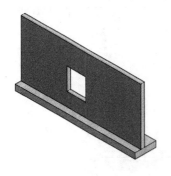 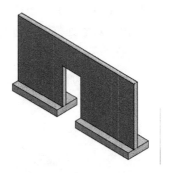

图 6-19

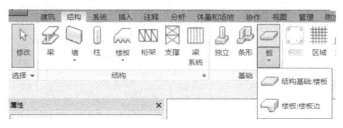

图 6-20

一章"结构楼板"中的"楼板边"相同，此处不再赘述。基础底板可用于建立平整表面上结构板的模型，也可以用于建立复杂基础形状的模型。基础底板与结构楼板最主要的区别是基础底板不需要其他结构图元作为支座。

点击【板】下拉菜单中的【结构基础：楼板】，进入创建楼层边界模式，在"属性"面板类型选择器下拉菜单中选择合适的基础底板类型，默认结构样板文件中包含四种类型的基础底板，分别是"150mm 基础底板""200mm 基础底板""250mm 基础底板""300mm 基础底板"，用户根据需要选择合适的类型。

然后点击"属性"面板中的"编辑类型"，打开"类型属性"对话框，见图 6-21，点击"编辑"，进入"编辑部件"对话框，见图 6-22，对结构进行编辑。

图 6-21

图 6-22

在"编辑部件"对话框中，可以修改板基础的厚度和材质，还可以添加其他不同的结构层和非结构层，这些选项和普通结构楼板的设置基本相同。

板基础类型设置完后，可通过【绘制】面板中的绘图工具在绘图区绘制板基础的边界，见图 6-23。绘制完成后点击【✓】，板基础添加完毕。

图 6-23

6.2　实例详解

6.2.1　添加柱下独立基础

创建二阶独立基础，见图 6-24。

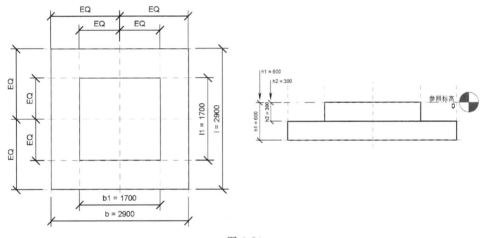

图 6-24

提示

"参照标高"平面，表示此基础相对于标高平面的位置。在项目中添加到相应的标高后，该基础底面位于标高平面上。程序自带的基础，参照平面都位于基础的顶部。

结构材质设定为"＜按类别＞"。

将创建的族保存为"独立基础-二阶"，方便以后使用。将创建的族载入到应用实例项目中。

在"独立基础-二阶"的"属性"面板中点击"编辑类型"，将上面创建的类型重命名为"J-1"，并创建"J-2""J-3""J-4"三种类型。

各类型的尺寸如下。

J-2：b＝3200，l＝3200，b1＝1800，l1＝1800；

J-3：b＝3400，l＝3400，b1＝1900，l1＝1900；

J-4：b＝2800，l＝2800，b1＝1600，l1＝1600。

打开"－1.5"平面视图，按附录中"基础平面布置图"进行独立基础的布置。布置完成后，见图6-25。

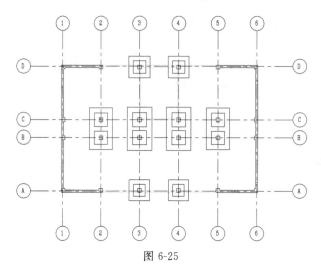

图 6-25

6.2.2 添加墙下条形基础

在"－2.1"平面视图中，点击【结构】选项卡＞【基础】面板＞【条形】。在"属性"面板类型选择器下拉菜单中选择"承重基础-900×300"，点击"编辑类型"。在"类型属性"对话框中，将材质设置为＜按类别＞，复制创建"1-1""2-2""3-3"三个类型。

各类型尺寸更改如下："1-1"基础宽度改为1600；"2-2"基础宽度改为1700；"3-3"基础宽度改为1900。

基础高度均为300，结构材质设为"＜按类别＞"。

本例中，柱下独基与墙下条基底面标高相同。将首层的墙"底部偏移"设为"－300"，见图6-26。

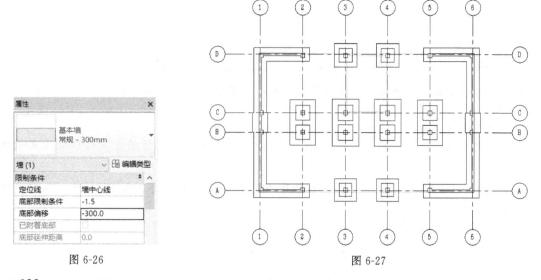

图 6-26

图 6-27

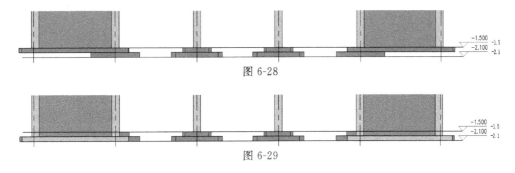

图 6-28

图 6-29

进入"-1.5"平面视图，按附录中"基础平面布置图"进行条形基础的布置。在剪力墙的端柱下未生成基础，选中条形基础，将端点拖拽至相应位置即可，完成后平面图见图 6-27。

生成的基础位于墙下，见图 6-28。本例中调整条形基础上柱和墙的底部偏移，以使基础底面平齐。调整完成后见图 6-29。

调整完成后，整楼的构件模型创建完毕，三维效果见图 6-30。

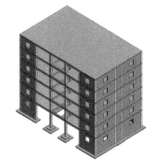

图 6-30

6.3 基础族的创建

本节以承台桩基础为例，介绍如何使用族编辑器创建基础族。

点击【应用程序菜单】＞【新建】＞【族】，弹出"新族-选择族样板"对话框。

6.3.1 创建桩

(1) 选择族样板

选择"公制结构基础.rft"族样板文件，点击"打开"，进入族编辑器，见图 6-31。

图 6-31

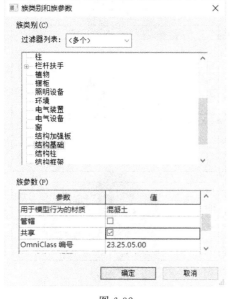

图 6-32

（2）设置族类别和族参数

点击【创建】选项卡＞【属性】面板＞【族类别和族参数】，弹出"族类别和族参数"对话框。结构基础样板默认将族类别设为"结构基础"。将用作"模型行为的材质"改为"混凝土"，勾选"共享"，其余参数不做修改，见图 6-32。

对话框中的参数，介绍如下。

① 基于工作平面：勾选后，在放置基础时，可以放置在某一工作平面上，而不仅仅放置于标高平面上。

② 总是垂直：程序默认为勾选，基础不能倾斜放置。如果不勾选，基础相对于水平面可以有一定的角度。

③ 加载时剪切的空心：勾选后，当基础载入项目后，基础在被带有空心且基于面的实体切割时，能够显示出被切割的空心部分。

④ 用于模型行为的材质：基础的材料类型，可以选择"钢""混凝土""预制混凝土""木材"以及"其他"。

⑤ 管帽：勾选后，底面标高将会从基础的最高底面标高算起。若不勾选，底面标高从最低底面开始算起。

⑥ 共享：勾选"共享"选项，当这个族作为嵌套族载入到父族后。当父族被载入到项目中后，勾上"共享"选项的嵌套族也能在项目中被单独调用。

（3）设置族类型和参数

点击【创建】选项卡＞【属性】面板＞【族类型】，打开"族类型"对话框，在其中创建"桩径""桩顶埋入承台长度""桩长""桩尖长度""r"参数，并设为实例参数。在参数"r"公式中输入"桩径/2"，见图 6-33。

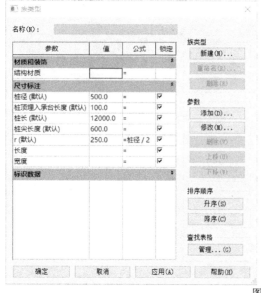

图 6-33

提示

当桩被套嵌入父族后，要实现通过更改父族中参数来完成对桩参数的修改，需要将桩的参数同父组参数相关联。实现关联就要将需要关联的参数设置为实例参数，具体关联的操作，在后面会提到。

注意

此处桩径不要添加锁定，否则在后文中通过"桩径"来驱动参照平面位置时会出现错误，影响后续操作。锁定后，两个参照平面不随"桩径"移动。

注意

标记的尺寸标注被锁定后，所有相关联的参数也随之锁定。这意味着，尺寸标注固定时，相关联的参数受到制约，尺寸标注值保持不变。锁定族参数可帮助用户不会误更改族编辑器绘图区域的约束。在将族载入到模型中时，锁定族参数不会影响族行为。

如果不锁定标记的尺寸标注，可以移动已受长度参数约束的参照平面或参照线，然后调整族。如果锁定该尺寸标注，则无法通过移动参照平面或参照线调整族。若要调整尺寸标注已锁定的族，必须在"族类型"对话框中修改该参数值。

（4）创建参照线、平面

在"参照标高"视图中，见图6-34，点击【创建】选项卡＞【基准】面板＞【参照线】，绘制圆形参照线，添加直径的尺寸标注，并与参数"桩径"关联。然后绘制与圆形参照线左右两端相切的参照平面，添加尺寸标注并与参数"r"相关联，见图6-35。这两个参照平面用来控制桩尖的尺寸。

图 6-34

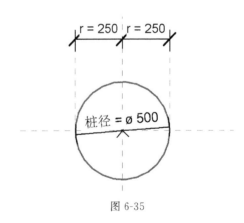

图 6-35

提示

参数"r"用来驱动两侧的参照平面。后面创建的桩尖，对齐锁定在这两个参照平面上。通过参数"r"，实现了用"桩径"这一个参数，控制了桩和桩尖的直径。

在"前立面"视图中，绘制参照平面，并添加尺寸标注，然后将标注与"桩尖长度""桩长""桩顶埋入承台长度"参数相关联，见图6-36。

(5) 绘制形状

在平面视图中绘制桩截面。进入"参照标高"视图，使用"拉伸"命令，在"绘图"面板选择"圆形"。

绘制图形并与圆形参照线对齐锁定。对其锁定时，使用对齐命令，先点击参照线，显示参照线被选中，之后点击拉伸的圆形，二者便对齐，将锁形图标锁闭，完成锁定，见图 6-37。之后点击图标【✓】，完成拉伸形状的创建。

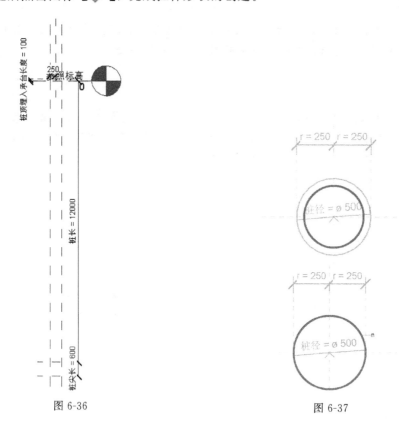

图 6-36

图 6-37

将两侧的参照平面和拉伸的圆形对齐锁定，先点击参照平面，选中后点击拉伸的圆与参照平面的切点，出现锁形图标后锁定。同理，将另外一侧也对齐锁定，见图 6-38。

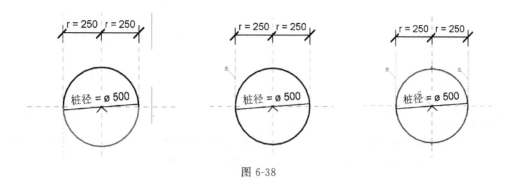

图 6-38

进入前立面视图，将拉伸形状的上下端与相应的参照平面对齐锁定，见图 6-39。

创建桩尖，在前立面视图中，点击【创建】选项卡＞【形状】面板＞【旋转】，弹出

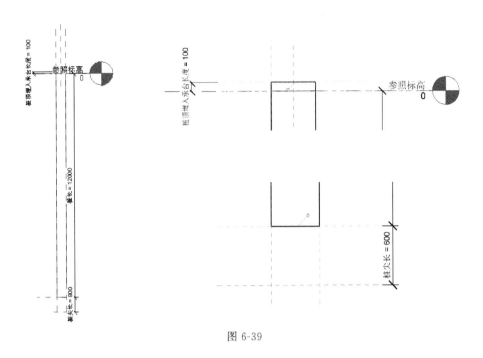

图 6-39

"工作平面"对话框,在名称右侧的下拉菜单中,选择"参照平面:中心(前/后)"见图 6-40。

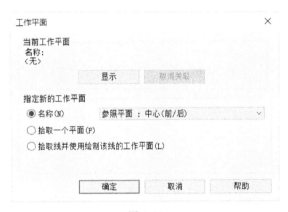

图 6-40

之后,功能区会显示【修改│创建旋转】上下文选项卡,包含了创建旋转的命令,默认选择了"边界线",见图 6-41。

图 6-41

完成旋转需要创建边界和轴线,先创建边界线,在绘图区域绘制如图 6-42 所示形状。之后绘制轴线,见图 6-43,点击图标【✓】,完成创建。

图 6-42   图 6-43

(6) 添加子类别

点击【管理】选项卡＞【设置】面板＞【对象样式】，打开"对象样式"对话框。点击"修改子类别"一栏中"新建"，在弹出的"新建子类别"对话框名称一栏中输入"桩"，见图 6-44。点击"确定"回到"对象样式"对话框，此时可以看到新创建的"桩"子类别，点击"确定"完成创建。

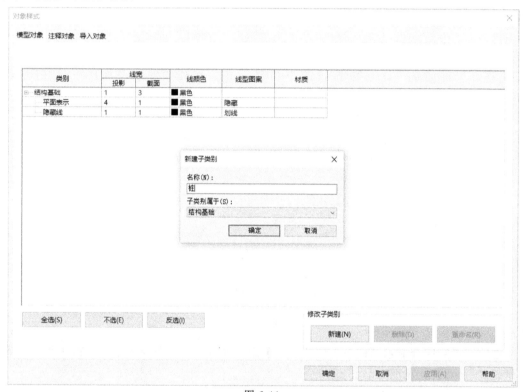

图 6-44

之后，在任意视图中，选中桩的全部实体，即桩和桩尖，在"属性"面板中，将子类别选为"桩"，见图 6-45。

创建完成后的 3D 效果见图 6-46。

6.3.2　创建承台

(1) 选择族样板

选择"公制结构基础.rft"族样板。

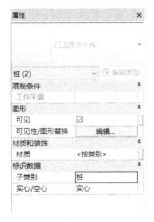

图 6-45

图 6-46

（2）设置族类别和族参数

点击【创建】选项卡＞【属性】面板＞【族类别和族参数】，弹出"族类别和族参数"对话框。结构基础样板默认将族类别设为"结构基础"。将用作"模型行为的材质"改为"混凝土"，其余参数不做修改。

（3）设置族类型和参数

点击【创建】选项卡＞【属性】面板＞【族类型】，打开"族类型"对话框，在其中创建"桩边距""承台厚度"类型参数，再创建与准备嵌套的桩族参数相关联的"桩尖长""桩长""桩顶埋入承台尺寸"和"桩径"类型参数，并输入参数值，见图 6-47。

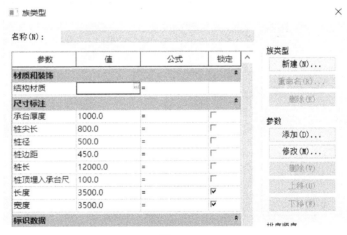

图 6-47

（4）创建形状

进入"参照标高"视图，在绘图区绘制参照平面并添加尺寸标注，见图 6-48，然后使用"拉伸"命令绘制截面形状，并与参照平面对齐锁定，见图 6-49。

转到前立面视图，绘制参照平面并添加尺寸标注，然后将拉伸形状的上下边缘和相应的参照平面对齐锁定，见图 6-50。

（5）添加子类别

添加子类别"承台"，将承台的实体选中后，在"属性"对话框中设置"子类别"为

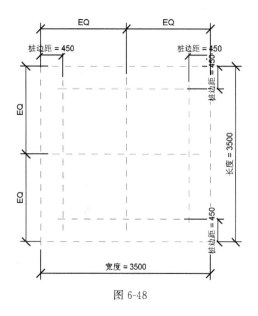

图 6-48

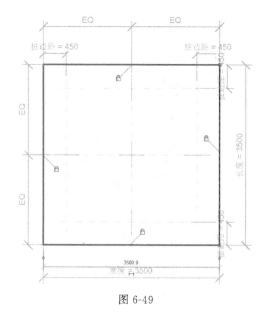

图 6-49

"承台"。

6.3.3　载入桩族

在承台的族编辑器中载入桩族，放置在对应位置，见图 6-51。

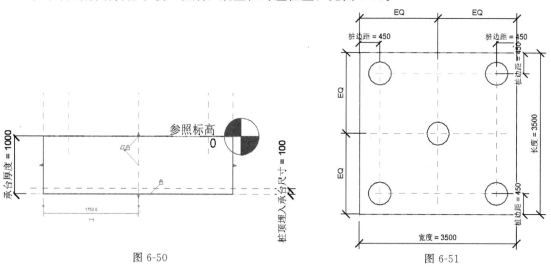

图 6-50

图 6-51

在平面视图中，将桩对齐锁定到定位桩轴心的参照平面上，见图 6-52。

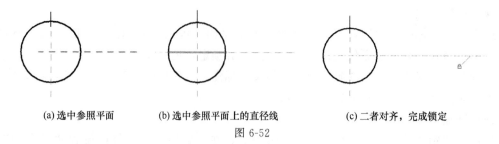

(a) 选中参照平面　　　(b) 选中参照平面上的直径线　　　(c) 二者对齐，完成锁定

图 6-52

选中桩，在"属性"面板中，将桩的实例参数与承台族中的参数相关联，点击参数一栏最右侧的矩形按钮"▯"，见图 6-53，弹出"关联族参数"对话框，见图 6-54，选择要关联的族参数。

图 6-53   图 6-54

完成关联的实例参数变为灰色，后面的矩形按钮中显示有两条横杠"＝"，此时不可修改数值。

将参数关联完成后，打开"族类型"对话框，修改桩的参数，便会发现桩的尺寸会发生改变。

6.3.4 添加隐藏线

创建的承台桩基础，导入到项目中，平面视图、立面视图的效果见图 6-55。

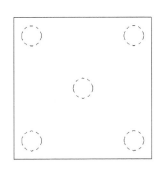

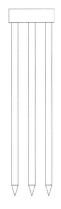

图 6-55

在立面视图中，桩埋入承台的部分没有表示出来，可在该位置添加隐藏线。

进入"承台桩基础"族编辑器，打开前立面视图。

点击【创建】选项卡＞【模型】面板＞【模型线】。在【修改│放置线】上下文选项卡中，将子类别选为"隐藏线［截面］"，见图 6-56。在需要的位置绘制隐藏线。

图 6-56

之后进入右立面视图，按照前述方法绘制隐藏线。

隐藏线绘制完成后，载入项目中。进入相应的视图，在视图的"属性"面板中，将"显示隐藏线"设置为"全部"，见图 6-57。便可以正常显示出桩埋入承台的部分了，见图 6-58。用户可以通过改变比例，以使虚线正常显示。

图 6-57

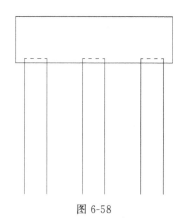

图 6-58

第 7 章

楼 梯

本章要点 >>>

- 掌握楼梯的基本命令
- 楼梯各参数含义
- 按构件方式创建楼梯
- 按草图方式创建楼梯

楼梯由梯段、平台（休息平台）和围护构件等组成，在结构建模中，只需创建梯段和平台，之后为其配筋即可。本书介绍使用楼梯命令创建楼梯的方法。

要注意楼梯命令创建的楼梯没有分析模型，不能进行分析计算。

7.1 创建楼梯

楼梯命令 【建筑】选项卡＞【楼梯坡道】面板＞【楼梯】（图7-1）

在下拉菜单中有"按构件"和"按草图"两种创建方式，见图7-2。

图 7-1   图 7-2

"按构件"是通过装配常见梯段、平台和支撑构件来创建楼梯。"按草图"是通过定义楼梯梯段或绘制踢面线和边界线，在平面视图中创建楼梯。

7.1.1 按构件方式创建楼梯

点击【楼梯】下拉菜单中【楼梯（按构件）】，进入创建楼梯模式。

7.1.1.1 参数设置

在属性面板类型选择器中，可以选择"现场浇筑楼梯""组合楼梯"或"预浇筑楼梯"，本节以"预浇筑楼梯"为例。

点击"属性"面板中"编辑类型"，打开"类型属性"对话框，见图7-3。点击复制，可以创建新的类型。

（1）设置"类型属性"对话框中的参数。"类型属性"对话框中的参数说明如下。

① 计算规则

最大踢面高度：用于指定楼梯图元上每个踢面的最大高度。

最小踏板深度：设置沿所有常用梯段的中心路径测量的最小踏板宽度（斜踏步、螺旋和直线）。此参数不影响创建绘制的梯段。

最小梯段宽度：设置为常用梯段的

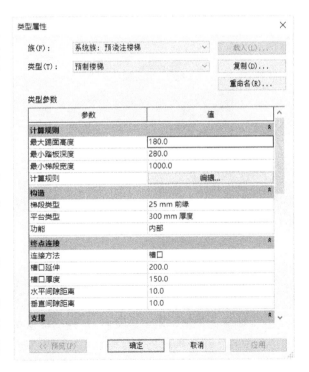

图 7-3

宽度。此参数不影响创建绘制的梯段。

计算规则：点击"编辑"，打开"楼梯计算器"对话框，可使用楼梯计算器进行坡度计算。

② 构造

梯段类型：用于定义楼梯图元中的所有梯段的类型。

平台类型：用于定义楼梯图元中的所有平台的类型。

功能：用于定义楼梯是建筑物内部的还是外部的。

③ 终点连接（仅限预制楼梯）

连接方法：用于定义梯段和平台之间的连接样式，包含槽口和直线剪切两种，见图7-4。当选择"槽口"时，可以修改"槽口延伸""槽口厚度""水平间隙距离"和"垂直间隙距离"。

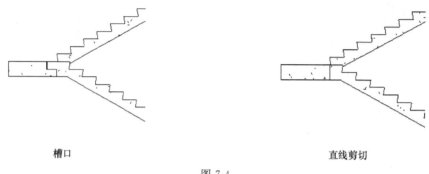

槽口　　　　　　　　　　　　　　　　直线剪切

图 7-4

④ 支撑

右侧支撑：用于指定是否连同楼梯一起创建"梯边梁（闭合）""踏步梁（开放）"或没有右支撑。其中，"梯边梁"将踏板和踢面围住，"踏步梁"将踏板和踢面露出。具体区别见图7-5。

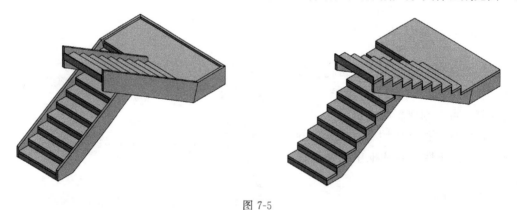

图 7-5

右/左侧支撑类型：用于定义楼梯右/左侧支撑的类型，点击"⋯"可编辑"梯边梁"或"踏步梁"的类型属性。

右/左侧侧向偏移：用于定义右/左侧支撑从梯段边缘以水平方向偏移的距离。

中部支撑：用于指示是否在楼梯中应用中部支撑。

中部支撑类型：用于定义楼梯中部支撑的类型。

中部支撑数量：用于定义楼梯中部支撑的数量。

⑤ 图形

剪切标记类型：指定显示在楼梯中剪切标记的类型。

（2）设置"属性"面板中的实例参数，见图7-6，参数说明如下。

① 限制条件

底部标高：用于指定楼梯底部的标高。

底部偏移：用于定义楼梯底部与底部标高之间的偏移距离。

顶部标高：用于指定楼梯顶部的标高，顶部标高一定要高于底部标高，或者选择"无"。

顶部偏移：用于定义楼梯顶部与顶部标高之间的偏移距离。如果"顶部标高"选择"无"时，则不适用。

所需的楼梯高度：用于指定楼梯底部和顶部之间的距离。只有当"顶部标高"选择"无"时，才可以修改。

多层顶部标高：用于设置多层建筑中楼梯的顶部。当楼层层高相同时，只需要绘制一层楼梯，然后修改此值为所需楼层处的标高即可创建多层楼梯，使用此功能创建的多层楼梯会成为一个整体，当修改楼梯和扶手参数后，所有楼层楼梯均会自动更新。例如，设置"多层顶部标高"为"标高7"，创建一层楼梯后的立面图见图7-7。

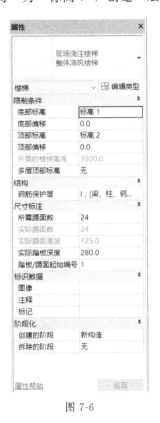

图 7-6

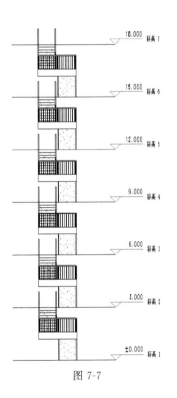

图 7-7

② 尺寸标注

所需踢面数：踢面数是基于两个标高之间的高度计算得出的。用户可根据需要进行选择，但不能低于某个数值，因为有最大踢面高度的限制，否则系统会发出警告，见图7-8。

实际踢面数：通常与"所需踢面数"相同，但是，如果没有为给定楼梯的梯段完成添加正确的踢面数，可能会有所不同。此参数只读不可修改。

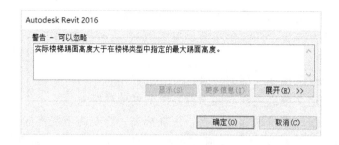

图 7-8

实际踢面高度：用于指定实际踢面的高度，此值应小于或等于"最大踢面高度"，它会随着踢面数的变化而自动改变。此参数只读不可修改。

实际踏板深度：用于指定实际踏板的深度，用户可以直接设置此值以修改踏板深度，而不必创建新的楼梯类型。此外，楼梯计算器也可修改此值以实现楼梯平衡。

踏板/踢面起始编号：为踏板/踢面编号注释指定起始编号。

（3）对选项栏进行设置，选项栏见图 7-9，各参数说明如下。

图 7-9

定位线：用于指定创建梯段时的绘制路径，包括"梯边梁外侧：左""梯段：左""梯段：中心""梯段：右"和"梯边梁外侧：右"五种，系统默认"梯段：中心"。

偏移量：绘制路径相对于定位线的偏移距离。

实际梯段宽度：用于指定不含独立侧支撑宽度的踏步宽度值。

自动平台：勾选后会在两个梯段之间自动生成平台。

7.1.1.2 创建楼梯

（1）参照平面

点击【修改｜创建楼梯】选项卡＞【工作平面】面板＞【参照平面】，见图 7-10。在平面标高视图中绘制参照平面，包括起跑位置、休息平台位置和楼梯半宽度位置。

（2）梯段

点击【修改｜创建楼梯】选项卡＞【构件】面板＞【梯段】，见图 7-11。

在绘图区捕捉每跑的起点、终点位置绘制梯段，在绘制过程中，梯段草图下方会提示创建了几个踢面，剩余几个踢面，见图 7-12。

图 7-10

图 7-11

当勾选了"选项栏"中的"自动平台"后，用户在绘制第二跑起点后，系统会自动生成平台预览，见图 7-13。平台形状默认为矩形，平台深度默认为梯段的宽度，用户可在第二跑楼梯绘制完成、生成平台后修改平台尺寸。

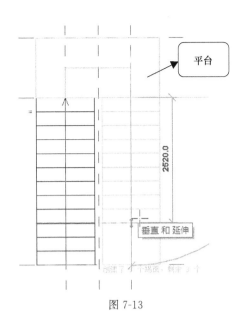

图 7-12

图 7-13

（！）注意

　　如果无法自动生成平台，那么在第二个梯段绘制完后系统会发出警告，见图 7-14。用户可在梯段绘制完成后手动绘制平台。

（！）注意

　　修改自动生成的平台尺寸时，若平台深度小于楼梯宽度，则系统会发出警告，见图 7-15，此警告不影响修改。使用创建草图绘制的平台程序不会给出警告。

　　梯段绘制工具包含了直梯、全踏步螺旋、圆心-端点螺旋、L 形转角、U 形转角、创建草图六种，见图 7-16。草图是通过绘制形状自定义梯段，与 "按草图" 创建楼梯类似，详细介绍见 7.1.2。

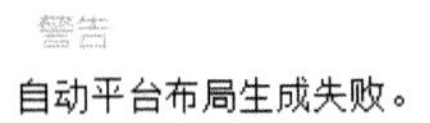

警告
自动平台布局生成失败。

警告
平台深度小于梯段宽度。

图 7-14

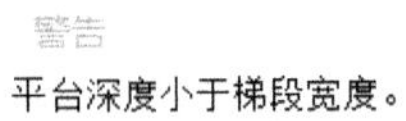

图 7-15

图 7-16

　　其他绘制工具分别对应的是直跑梯段、大于 360°的螺旋梯段、小于 360°的螺旋梯段、L 形斜踏步梯段和 U 形斜踏步梯段，见图 7-17。

（！）注意

　　绘制螺旋楼梯时，中心点到梯段中心的距离一定要大于或等于楼梯宽度的 1/2。否则无法完成创建。

图 7-17

(3) 平台

点击【修改 | 创建楼梯】选项卡＞【构件】面板＞【平台】，见图 7-18。可以选择"拾取两个梯段"和"创建草图"两种方式绘制平台。

点击"拾取两个梯段"图标，在绘图区点击选中两个需要连接的梯段，两个梯段的一端必须要在同一标高，才可以创建平台。此方法绘制的平台和绘制梯段时自动创建的平台相同。

点击"创建草图"图标，进入绘制平台草图模式，见图 7-19，通过绘图工具绘制平台的边界和楼梯路径。此方法可以绘制非矩形的平台。

图 7-18 图 7-19

(4) 支座

点击【修改 | 创建楼梯】选项卡＞【构件】面板＞【支座】，见图 7-20。通过拾取各个梯段或平台的边来创建支座。创建支座前，需要先对楼梯"类型属性"对话框中的"支撑类型"进行定义，否则系统会发出提示，见图 7-21。

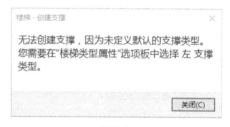

图 7-20 图 7-21

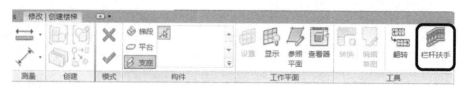

图 7-22

(5）栏杆扶手

点击【修改│创建楼梯】选项卡＞【工具】面板＞【栏杆扶手】，见图7-22。

打开"栏杆扶手"对话框，见图7-23。"默认"下拉菜单中可以选择"900mm""无"和"默认"。"位置"可以选择"踏板"和"梯边梁"。此处设为"无"。

（6）点击【修改│创建楼梯】选项卡＞【模式】面板＞【✔】，完成楼梯绘制。

7.1.2　按草图方式创建楼梯

7.1.2.1　参数设置

点击【楼梯】下拉菜单＞【楼梯（按草图）】，进入创建楼梯草图模式。参数设置和"按构件"方式创建楼梯类似，此处不再详细说明。

7.1.2.2　绘制楼梯

（1）梯段

和"按构件"方式创建楼梯相同，点击【参照平面】命令，在平面标高视图中绘制参照平面，然后点击【修改│创建楼梯草图】选项卡＞【绘制】面板＞【梯段】，见图7-24，在绘图区捕捉每跑的起点、终点位置绘制梯段，在两跑梯段之间，系统会自动生成平台，点击【✔】即可完成楼梯草图的绘制，生成楼梯模型。

图 7-23

图 7-24

（2）边界和踢面

采用边界和踢面命令创建楼梯是另一种方式，点击【修改│创建楼梯草图】选项卡＞【绘制】面板＞【边界】，见图7-25。绘制楼梯踏步和休息平台边界，见图7-26。

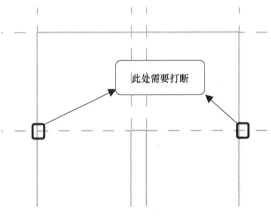

此处需要打断

图 7-25

图 7-26

> **⚠ 注意**
> 踏步和平台处的边界线需分段绘制，否则系统会把平台也当成是长踏步来处理。
> 如果用户设置了栏杆扶手，栏杆扶手不能正确生成。

图 7-27

点击【修改｜创建楼梯草图】选项卡＞【绘制】面板＞【踢面】，见图 7-27。绘制楼梯踏步线。

> **⚠ 注意**
> 绘制楼梯踏步线时需注意草图下方的提示，当显示"剩余 0 个"时即表示楼梯跑到了预定层高的位置，见图 7-28。

> **💡 提示**
> 采用草图的方式可以创建比较规则的异形楼梯，如弧形踏步边界、弧形休息平台楼梯等，先用"梯段"命令绘制常规梯段，然后删除原来的直线边界或踢面线，再用"边界"和"踢面"命令绘制边界和踢面线即可，见图 7-29。

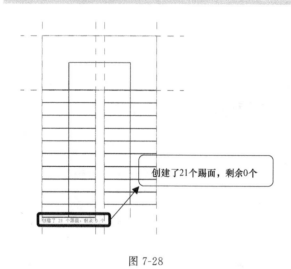

图 7-28

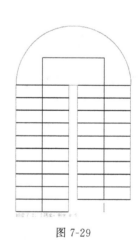

图 7-29

7.2 实例详解

实例详解以"按构件"的方式。点击【建筑】选项卡＞【楼梯坡道】面板＞【楼梯】下拉菜单＞【楼梯（按构件）】，进入创建楼梯模式。

7.2.1 参照平面

点击【修改 | 创建楼梯】选项卡＞【工作平面】面板＞【参照平面】，在"－1.5"结构标高平面内绘制参照平面，见图7-30。

7.2.2 参数设置

（1）在"属性"面板类型选择器中选择"整体浇筑楼梯"。

（2）点击"属性"面板"类型属性"，打开"类型属性"对话框。在"支撑"一栏中，将"右侧支撑"和"左侧支撑"均设为"无"，见图7-31。然后点击"构造"一栏"梯段类型"后面的"…"，打开对话框，见图7-32，"结构深度"设为200，"整体式材质"设为"按类别"，不勾选"斜梯"，点击确定回到"类型属性"对话框，再次点击确定完成设置。

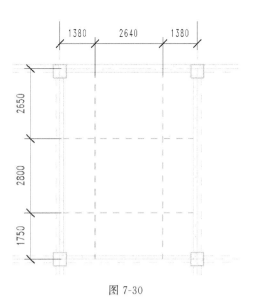

图 7-30

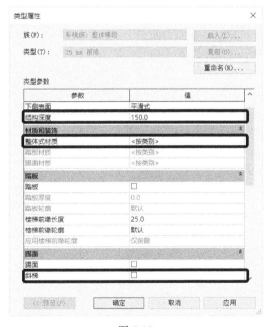

图 7-31 　　　　　　　　　　　　图 7-32

（3）在"属性"面板中，将"所需踢面数"设为22，"实际踏板深度"设为280，见图7-33。设置完成后系统会自动计算"所需的楼梯高度"和"实际踢面高度"。其他参数按照系统默认即可。

7.2.3 绘制楼梯

（1）点击【修改 | 创建楼梯】选项卡＞【构件】面板＞【梯段】，修改"选项栏"中"实际梯段宽度"为"2460"，不勾选"自动平台"，见图7-34。

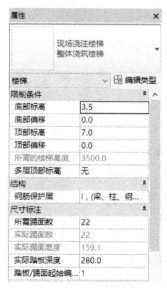

图 7-33

图 7-34

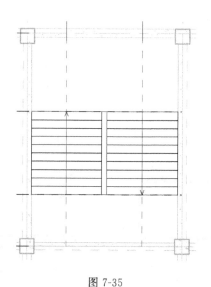

图 7-35

在绘图区依次点击第一跑起点、第一跑终点，第二跑起点、第二跑终点，完成双跑楼梯梯段绘制，见图 7-35。

（2）点击【修改｜创建楼梯】选项卡＞【构件】面板＞【平台】。点击属性面板中编辑类型，在类型属性对话框中可以设置楼梯平台的厚度和材质。使用创建草图的方式绘制休息平台，绘制完休息平台的轮廓，点击【✔】完成平台绘制。之后补充楼梯路径，绘制完成后，见图 7-36。

（3）点击功能区【✔】完成楼梯的创建。

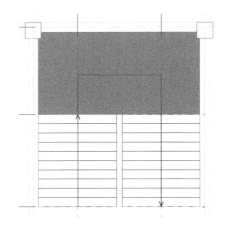

图 7-36

7.2.4 为其他层添加楼梯

（1）首层楼梯。由于首层层高与其余楼层不同，因此单独处理。选中楼梯后，点击【修改｜楼梯】选项卡＞【剪贴板】面板＞【复制到剪贴板】。之后点击【粘贴】下拉菜单中的"与选定的视图对齐"，见图 7-37，在弹出的"选择视图"对话框中选择"结构平面：－1.5"，见图 7-38。点击确认完成复制。

图 7-37

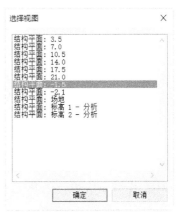

图 7-38

复制到首层的楼梯效果见图 7-39。楼梯复制后，楼梯底部与目标标高对齐，在属性面板对竖向位置进行调整，如图 7-40。

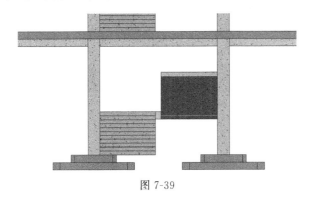

图 7-39

限制条件	⊗
底部标高	-1.5
底部偏移	1500.0
顶部标高	3.5
顶部偏移	0.0

图 7-40

（2）3～5层楼梯

选中2层楼梯后，将属性面板中"多层顶部标高"设置为"17.5"，见图7-41，楼梯自动向上添加至选定标高，使用此方法形成的各层楼梯是一个整体。至此，完成全部楼梯的创建，见图7-42。

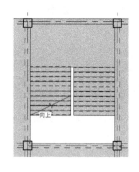

限制条件	⮝
底部标高	3.5
底部偏移	0.0
顶部标高	7.0
顶部偏移	0.0
所需的楼梯高度	3500.0
多层顶部标高	17.5

图 7-41

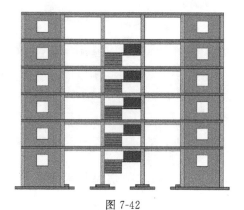

图 7-42

生成的楼梯没有梯梁和楼层标高处的梯板，如图7-43，下面进行创建。

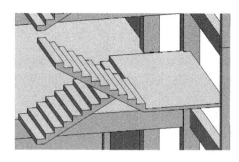

图 7-43

启动梁命令，创建"250mm×350mm""300mm×350mm"两种类型，进入标高平面创建梁，调整其平面位置。为休息平台处梯梁设置偏移。启动楼板命令，选择"常规-120mm"类型，绘制楼板，见图7-44。添加完成梯板和梯梁后，效果见图7-45。

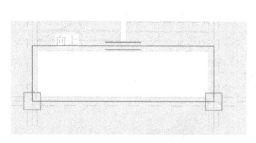

图 7-44

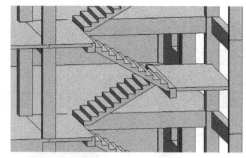

图 7-45

第 8 章

结 构 配 筋

本章要点 >>>

- ○ 设置保护层厚度
- ○ 创建剖面视图
- ○ 使用钢筋命令添加钢筋
- ○ 使用速博插件添加钢筋
- ○ 对钢筋进行调整

Revit 可为混凝土构件添加实体钢筋，例如混凝土梁、板、柱、基础、墙等。用户可以使用钢筋命令或使用速博插件进行配筋，下面将介绍添加钢筋的方法。本章中所需的配筋图附在本章最后，用户在配筋的同时可以参照。

8.1 钢筋命令添加钢筋

8.1.1 设置混凝土保护层

使用钢筋命令添加钢筋之前，需要对混凝土保护层厚度进行设置。

项目样板中已经根据《混凝土结构设计规范》（GB 50010—2010）的规定，对混凝土保护层的厚度进行了预先设置。点击【结构】选项卡＞【钢筋】面板＞【保护层】，选项栏显示如图 8-1。

图 8-1

点击选项栏最右侧的" ⋯ （编辑保护层设置）"按钮，打开"钢筋保护层设置"对话框，见图 8-2。对话框中Ⅰ、Ⅱ、Ⅲ分别对应环境类别的一类、二类、三类。如果样板中预先设置的保护层不能满足用户的需求，用户可以在对话框中添加新的保护层设置。此外，用户也可对已有的保护层进行复制、删除、修改等操作。

钢筋保护层设置		✕
添加、删除和修改钢筋保护层设置。		

说明	设置	
IIa，(梁、柱、钢筋)，≤C25	30.0 mm	复制(P)
IIa，(梁、柱、钢筋)，≥C30	25.0 mm	添加(A)
IIa，(楼板、墙、壳元)，≤C25	25.0 mm	删除(L)
IIa，(楼板、墙、壳元)，≥C30	20.0 mm	
IIb，(梁、柱、钢筋)，≤C25	40.0 mm	
IIb，(梁、柱、钢筋)，≥C30	35.0 mm	
IIb，(楼板、墙、壳)，≤C25	30.0 mm	
IIb，(楼板、墙、壳元)，≥C30	25.0 mm	

确定　取消　帮助(H)

图 8-2

向项目中添加的混凝土构件，程序会为其设置默认的保护层厚度。若要重新设置保护层厚度，可以启动保护层命令后，选择需要设置保护层的图元或者图元的某个面。选中后在选项栏会显示当前的保护层设置。在下拉菜单中可以进行修改，见图 8-3。

用户也可以在选中图元后，在属性栏对保护层进行修改，如图 8-4。

8.1.2 创建剖面视图

创建一个剖面视图，剖切将要配筋的混凝土图元。此处以梁为例。

剖面命令 【视图】选项卡＞【创建】面板＞【剖面】（图 8-5）

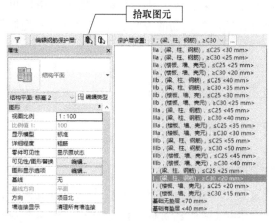

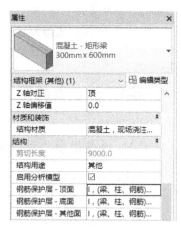

图 8-3

图 8-4

图 8-5

启动命令后，点击鼠标确定剖面的起点，再次点击确定剖面的终点。对构件进行剖切。绘制完毕或选中剖面后，点击 图标，可以对剖面进行翻转，见图 8-6。剖面创建完毕后，可以右键点击所创建的剖面，点击"转到视图"，或是在项目浏览器中进入到剖面视图中，见图 8-7 和图 8-8。

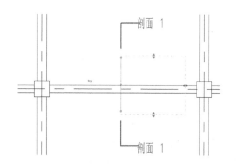

图 8-6

图 8-7

图 8-8

进入到剖面视图，显示出剖切的梁和楼板，见图8-9。可以对剖面视图的范围进行调整，选中剖面视图的边界线，变为可拖动状态。拖动边界以屏蔽不希望显示的构件，见图8-10。

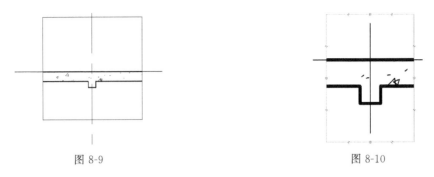

图 8-9 图 8-10

8.1.3 放置钢筋

钢筋命令 【结构】选项卡＞【钢筋】面板＞【钢筋】（图8-11）

图 8-11

启动命令后，状态栏显示如图8-12。在右侧会显示钢筋形状选择器，与状态栏中内容一致，见图8-13。类型选择器可以在状态栏中通过点击 □ 图标来启动和关闭。用户可以在此选择所添加钢筋的形状，若没有所需的钢筋形状，可以通过【修改｜放置钢筋】选项卡＞【族】面板＞【族】来载入钢筋形状族。选择钢筋的形状。

在属性面板中，选择钢筋的类别，并可对形状、弯钩、钢筋集、尺寸进行设置，见图8-14。也可在钢筋放置完成后，对属性面板中内容进行修改。

图 8-12

【修改｜放置钢筋】选项卡中，可以对钢筋放置平面、钢筋放置方向以及布局进行设置，见图8-15。

【放置平面】面板：当前工作平面、近保护层参照、远保护层参照定义了钢筋的放置平面。

【放置方向】面板：平行于工作平面、平行于保护层、垂直于保护层定义了多平面钢筋族的哪一侧平行于工作平面。

【钢筋集】面板：通过设置可以创建与钢筋的草图平面相垂直的钢筋集，并定义钢筋数和/或钢筋间距。通过提供一些相同的钢筋，使用钢筋集能够加速添加钢筋的进度。钢筋集的布局如下。

① 固定数量：钢筋之间的间距是可调整的，但钢筋数量是固定的，以用户的输入为基础。

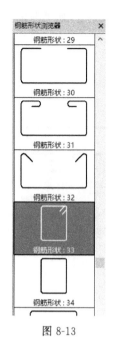

图 8-13

图 8-14

图 8-15

② 最大间距：指定钢筋之间的最大距离，但钢筋数量会根据第一条和最后一条钢筋之间的距离发生变化。

③ 间距数量：指定数量和间距的常量值。

④ 最小净间距：指定钢筋之间的最小距离，但钢筋数量会根据第一条和最后一条钢筋之间的距离发生变化。即使钢筋大小发生变化，该间距仍会保持不变。

图 8-16

当用户选择了多平面钢筋族时，【修改丨放置钢筋】选项卡显示如图 8-16。

放置透视中的"顶""底""前侧""后侧""右""左"定义了多平面钢筋族的哪一侧平行于工作平面。

在放置完成后选中钢筋，可以对钢筋的布局进行调整。

设置完成后，将鼠标移动到截面内，进行钢筋的添加。

8.1.4 钢筋的显示

在剖面视图中，选中钢筋，在属性面板中点击"视图可见性"一栏中的"编辑"按钮，见图8-17。

图 8-17

在弹出的"钢筋图元视图可见性状态"对话框中，可以对钢筋在不同视图中的显示状态进行设置。三维视图默认不显示，见图 8-18。勾选三维视图中"清晰的视图""作为实体查看"。完成后进入三维视图，将"详细程度"设为"精细"，"视觉样式"设置为"真实"，钢筋的显示效果见图 8-19。

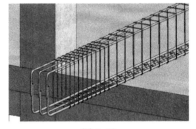

图 8-18   图 8-19

8.2 使用速博插件配筋

速博插件能够快速地生成钢筋，与使用钢筋命令添加钢筋相比，能够节约大量的时间和工作量，建议读者尽量使用速博配筋。下面介绍使用速博插件配筋的步骤。

选中需要配筋的构件，点击【Extensions】选项卡＞【Autodesk Revit Extensions】面板＞【钢筋】，在下拉菜单中，选择相应的构件类型，见图 8-20。

图 8-20

以梁为例，选中要配筋的梁，在钢筋的下拉菜单中选择"梁"，见图 8-21。之后，弹出"梁配筋"对话框，见图 8-22。可对配筋的各个参数进行调整。

设置完成后，点击确定，完成对梁的配筋。之后可以选中钢筋，对钢筋进行可见性设置。可见性的相关设置见 8.1.4 节。

使用速博插件完成构件配筋后，可对构件中的钢筋进行删除、修改。选中梁，点击【Extensions】选项卡＞【构件】面板＞【修改】或【删除】。点击修改后，会弹出"梁配筋"对话框，用户可以对参数进行修改。点击"删除"，可以将生成的钢筋删除。

提示

使用速博插件进行删除、修改的配筋，必须是由速博插件生成的配筋。若非使用速博插件添加的钢筋，不能通过速博进行编辑，程序会弹出如图 8-23 所示的提示框。

图 8-21

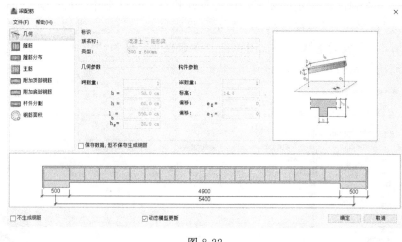

图 8-22

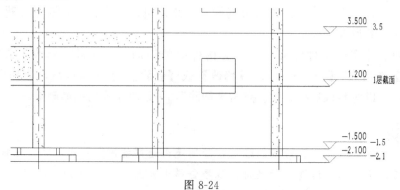

图 8-23

8.3 实例详解

8.3.1 柱配筋

本节以一层 A-4 柱为例，说明为柱配筋的方法。

8.3.1.1 使用钢筋命令为柱配筋

钢筋命令配筋时，必须在构件的剖面中进行，在立面中无法创建剖面视图，标高平面就可当做竖向构件的剖面。由于楼板会剪切柱，本例中中间的柱，在楼层平面中完全被楼板遮挡，在现有的标高平面中无法向柱中添加钢筋。因此，在能够剖切一层柱、墙以及窗洞的任意高度处新建一个标高，并为其添加结构平面，将该平面命名为"1 层截面"，见图 8-24。进入"1 层截面"平面。

图 8-24

本例中保护层厚度均采用程序默认值。

（1）添加箍筋

点击【结构】选项卡＞【钢筋】面板＞【钢筋】，选择钢筋形状 33，在属性面板类型选择器中选"8 HRB400"。放置平面设为"近保护层参照"；放置方向设为"平行于工作平面"；钢筋集布局选择"最大间距"，间距设为"200mm"，见图 8-25。

图 8-25

将鼠标移动至构件内部，会显示出箍筋的预览，见图 8-26。通过将鼠标移动至截面内的不同位置或按空格键可以改变弯钩的位置。在放置后，也可选中钢筋按空格键来切换方向。图中的虚线表示混凝土保护层，钢筋会自动附着在保护层上。放置完成后，选中钢筋，在箍筋的四边会出现箭头，拖动箭头可以改变相应的位置，见图 8-27 和图 8-28。也可以在属性面板中对箍筋尺寸进行精确调整，配合移动命令摆放到目标位置。

图 8-26　　　　　　　　　图 8-27　　　　　　　　　图 8-28

添加箍筋后拖动造型操纵柄可以改变形状，见图 8-28。也可以在属性面板中对箍筋形状进行精确调整。完成后的效果见图 8-29。使用移动命令可调整箍筋相对于截面的位置，更精确的调整可以通过选中箍筋后，点击【修改｜结构钢筋】选项卡＞【主体】面板＞【编辑限制条件】，见图 8-30。在弹出的"编辑限制条件"对话框中，调整参数，见图 8-31。

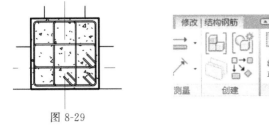

图 8-29

图 8-30

钢筋操纵柄	限制条件目标	到保护层	恒定偏移	^
钢筋平面	面 10, 500 x 500mm 混凝土 - 矩形 - 柱 (Id: 475810)	☐	-1589.6 m	
钢筋段 1	面 15, 500 x 500mm 混凝土 - 矩形 - 柱 (Id: 475810)	☐	-168.7 mm	
钢筋段 2	面 22, 500 x 500mm 混凝土 - 矩形 - 柱 (Id: 475810)	☑	0.0 mm	
钢筋段 3	面 20, 500 x 500mm 混凝土 - 矩形 - 柱 (Id: 475810)	☐	-169.3 mm	
钢筋段 4	面 18, 500 x 500mm 混凝土 - 矩形 - 柱 (Id: 475810)	☑	0.0 mm	∨

编辑限制条件 ✕

显示当前(V)　设置为首选(S)　重按默认(R)

确定(O)　取消(C)　帮助(H)

图 8-31

图 8-32

之后添加箍筋的加密区。调整钢筋可见性，勾选三维视图。在三维视图中点击"ViewCube"中"南"或者立方体上的"前"，转到"前"立面，见图 8-32。可以看到添加的钢筋。此步骤也可在立面视图中进行。三维视图方便用户切换角度进行观察。立面视图中可以使用尺寸标注工具，方便用户随时量取尺寸。用户可以灵活选择。

生成的钢筋见图 8-33。选中某一箍筋，在上下两端，显示出三角形的操纵柄，拖动可以改变竖向尺寸，也可以在属性面板钢筋集一栏中，对竖向尺寸进行精确调整。

先创建柱底加密区，加密区高度取 1500mm。选中所有箍筋，在属性面板中，将钢筋集布局改为"间距数量"，数量为"15"，间距为"100mm"。调整完毕后见图 8-34。

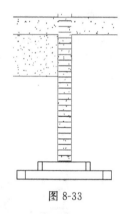

图 8-33

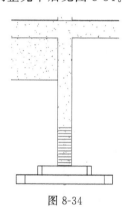

图 8-34

复制箍筋，见图 8-35，用上述方法对竖向分布进行调整，创建箍筋非加密区和加密区，顶部加密区高度取 800mm。可以配合移动命令调整位置，完成后见图 8-36。

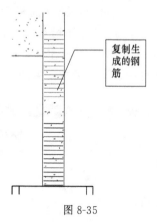

复制生成的钢筋

图 8-35

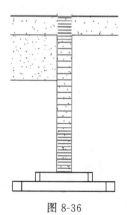

图 8-36

复制移动时，注意上下对齐。

(2) 添加纵筋

进入"1层截面"平面视图。钢筋选择"18 HRB400"，钢筋形状选择"01"。
在功能区设置如图 8-37。

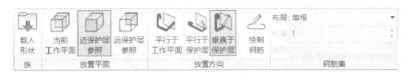

图 8-37

在柱中放置纵筋，纵筋会吸附在箍筋上。放置完成后，见图 8-38。之后选中钢筋，设置可见性，进入三维视图中，详细程度设为"精细"，视觉样式设为"真实"，效果见图8-39。

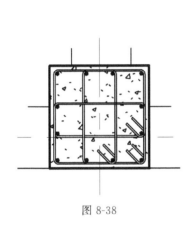

图 8-38

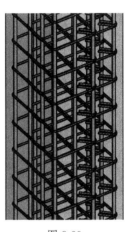

图 8-39

可以通过复制的方式，为其他相同配筋的柱添加钢筋。可以在三维视图中进行框选，之后使用过滤器选中钢筋。使用复制命令（快捷键：CO），点击选择移动的起点，之后点击终点完成复制。此处注意应选择不同柱中相同的位置，以保证复制添加的钢筋位置的正确。

通过移动命令将钢筋移动至另一构件当中时，系统会弹出图 8-40 所示的警告。此时的钢筋无法捕捉当前构件的保护层。选中钢筋后，点击【修改｜结构钢筋】选项卡＞【主体】面板＞【拾取新主体】，见图 8-41。为钢筋选择新主体即可。

警告
钢筋完全放置在其主体之外。

图 8-40

8.3.1.2 使用速博为柱配筋

选中柱，点击【Extensions】选项卡＞【Autodesk Revit Extensions】面板＞【钢筋】中

图 8-41

的"柱",打开"柱配筋"对话框。选中同一类型的多个构件,速博可以同时配筋。

💡 **提示**

　　模型中构件很多,不容易直观选取构件。这里介绍一种选取柱的方法。进入三维视图,在属性面板中勾选"剖面框",在绘图区域会出现剖面框,选中剖面框后,在剖面框的六个面上会出现箭头图标,见图 8-42。

　　按住鼠标左键拖动箭头图标可以调整剖面框的范围,调整范围使其剖切 1 层构件,见图 8-43。用户可以直观地选择需要配筋的柱。

 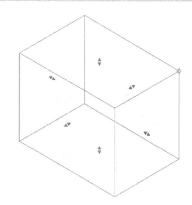

图 8-42

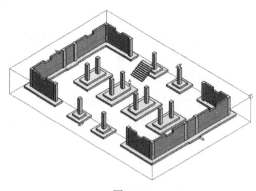

图 8-43

　　用户若需选中本层中所有的某一类型柱,用户可以使用之前章节介绍的方法,进入标高平面视图,选中一个实例后点击右键,点击"选择全部实例">"在视图中可见"。

　　"柱配筋"对话框中间是配筋的各项参数,右侧是柱和配筋的图形视图,在图中示意出了一些参数。

　　① 几何:显示柱的参数信息,均为只读,由程序自动生成,见图 8-44。

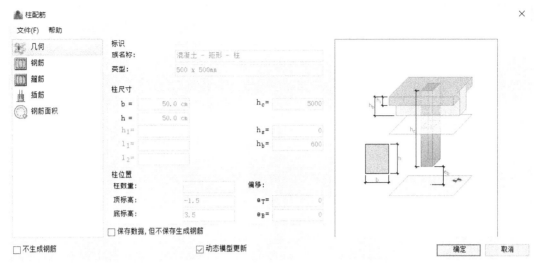

图 8-44

② 钢筋：设置纵向钢筋的钢筋类型、弯钩、数量。

"钢筋"选择"18-HRB400"；"弯钩"选择"无"；"钢筋数量""n_b"设为 4，"n_h"设为 4，见图 8-45。

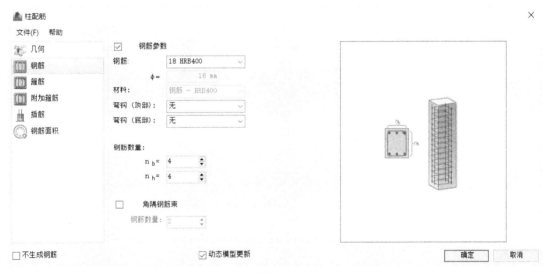

图 8-45

③ 箍筋：设置箍筋的钢筋类型、弯钩、保护层厚度、箍筋类型、箍筋的分布。

"钢筋"选择"8HRB400"；"弯钩 1""弯钩 2"选择"抗震镫筋/箍筋-135"；保护层厚度"c"为默认的"Ⅰ,（梁、柱、钢筋）≥C30，<20mm>"；"箍筋类型"选择▢；"分布类型"选择▤；"s_n"为 200mm；"s_t"为 100mm；"1"为 1000；绑扎到板。见图 8-46。上下加密区的高度此处只能设为相同的值，生成钢筋后，用户自行调整。

④ 附加箍筋：本例中，柱中箍筋采用井字型复合箍筋，附加钢筋一栏中设置如图 8-47 所示。

⑤ 插筋：设置插筋，此处采用默认设置，见图 8-48。

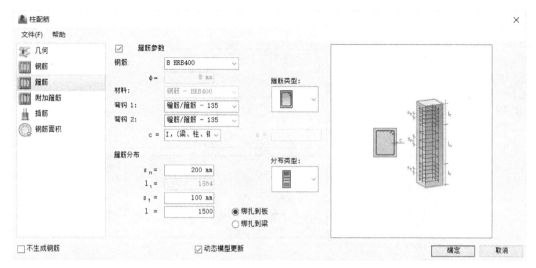

图 8-46

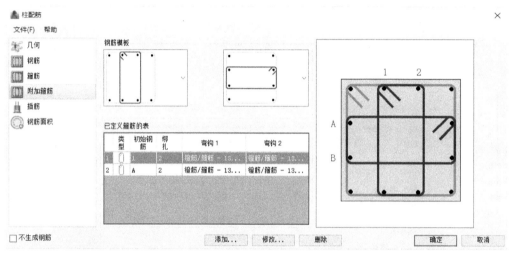

图 8-47

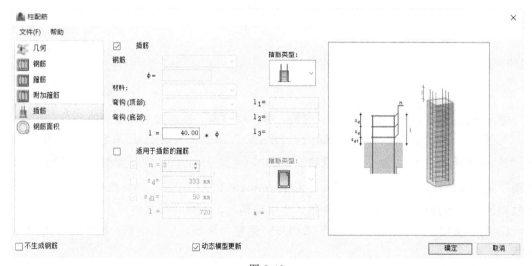

图 8-48

设置完成后，点击"确认"，完成钢筋添加。由于楼板剪切了柱，使得柱的箍筋上端只生成到了板的下部，见图 8-49。速博生成的竖向钢筋，以钢筋集的形式组成。进入三维或立面视图，调整箍筋的竖向分布，完成后见图 8-50。

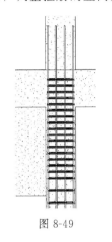

图 8-49

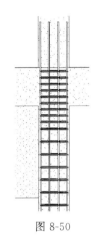

图 8-50

8.3.2 梁配筋

8.3.2.1 使用钢筋命令为梁配筋

以 3.5m 标高处的梁为例，说明为梁配筋的方法。

在 4 轴线 A—B 跨创建如图 8-51 所示剖面，进入剖面视图，剖面视图会包含每一层，调整视图范围后如图 8-52。操作方法在 8.1 节中已经详细说明。

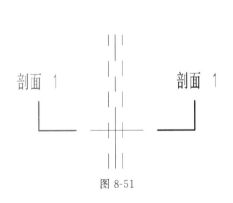

图 8-51

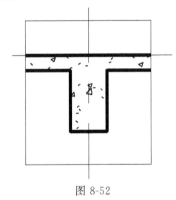

图 8-52

保护层厚度采用程序默认值。

点击【结构】选项卡＞【钢筋】面板＞【钢筋】，选择钢筋形状 33，在属性面板中选择"8 HRB400"。放置平面、放置方向、以及钢筋集的设置见图 8-53。

图 8-53

在梁中放置箍筋，并调整弯钩位置，放置完成后，见图 8-54。

箍筋放置完成后，放置纵筋。将放置方向设置为"垂直于保护层"，在梁中相应位置放置钢筋，在剖面中放置所有的纵向钢筋后，见图 8-55。

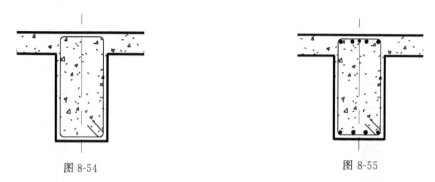

图 8-54   图 8-55

设置钢筋的可见性后进入相应的视图，同柱的方法一样，通过复制、调整钢筋集的布局可以布置箍筋的加密区。对支座负筋进行拖动以改变长度，或是在纵筋的属性栏中调整长度。

调整完箍筋以及支座处负筋长度后，在属性栏中为纵筋添加弯钩（也可在放置钢筋时先调整好），弯钩方向不正确的，可以在剖面视图通过旋转进行调整。对弯钩位置重合的钢筋，进行长度的微调。调整完成后钢筋的效果见图 8-56。

同样的，用户可以通过复制的方式，为其他相同配筋的梁添加钢筋，具体方法在上节柱配筋中已经介绍过。

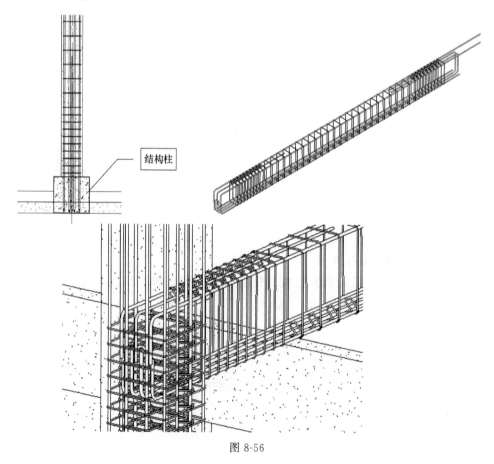

结构柱

图 8-56

8.3.2.2 使用速博为梁配筋

选中需要配筋的梁，还以这根梁为例。点击【Extensions】选项卡＞【Autodesk Revit Extensions】面板＞【钢筋】中的"梁"，打开"梁配筋"对话框。对话框下部，是梁和配筋的视图图形。在对话框中进行如下设置。

① 几何：显示梁的参数信息，均为只读，由程序自动生成，见图 8-57。

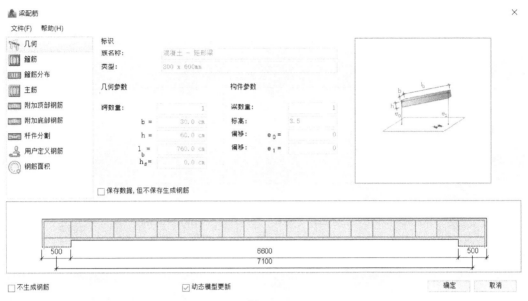

图 8-57

② 箍筋：设置钢筋种类、箍筋、弯钩的类型以及保护层厚度。

"钢筋"选择 8 HRB400；"弯钩 1""弯钩 2"选择"抗震镫筋/箍筋-135"；保护层厚度"c"为默认的"Ⅰ，（梁、柱、钢筋）≥C30，＜20mm＞"；"箍筋类型"选择 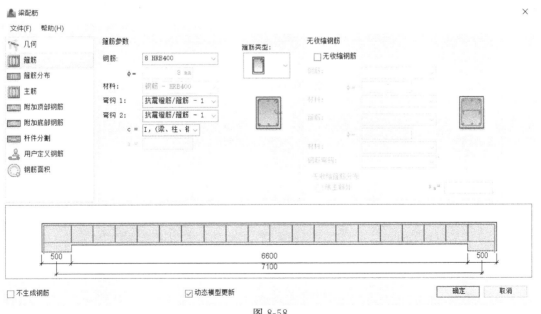，见图 8-58。

图 8-58

无收缩钢筋，即拉筋。勾选后对应的选框变为可编辑状态，用户可以在此设置腰筋的类别、箍筋的类别以及弯钩形式。此处不勾选。

③ 箍筋分布：设置箍筋的分布形式。

"分布类型"选择▐▐▐▐。选择分布类型后，在左侧的主箍筋分布一栏中，可以设置相应的尺寸，并在下面的图中给出了各尺寸的意义和预览。作如图 8-59 所示设置。

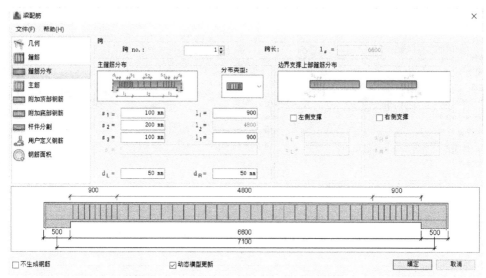

图 8-59

④ 主筋：选择上部钢筋和下部钢筋的钢筋类别。

下部钢筋："杆件"选择"25 HRB400"；"弯钩"选择"无"；"n"设为"2"；最下面两行参数表示钢筋末端的弯锚长度。分别设为"400"和"400"。

上部钢筋："杆件"选择"20 HRB400"；"弯钩"选择"无"；"n"设为"2"；将钢筋末端的弯锚长度。分别设为"300"和"300"。

设置完成，见图 8-60。

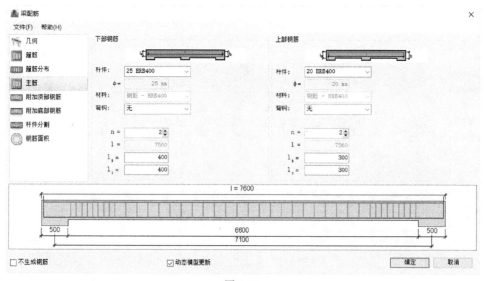

图 8-60

⑤ 附加顶部钢筋：可以添加支座处的负筋，设置负筋长度、弯钩形状及长度。作如图 8-61 所示设置。

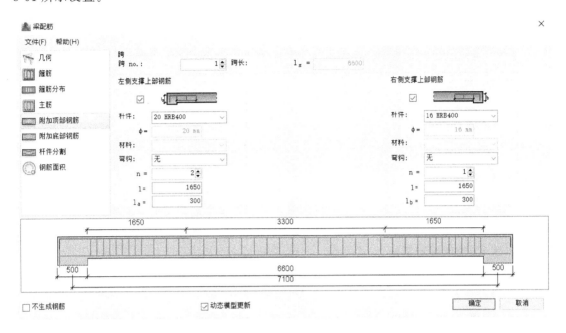

图 8-61

⑥ 附加底部钢筋：由于主筋只能选择一种类型，不同类型的底部钢筋可在此栏中添加，可以设置钢筋的尺寸和弯钩。对话框下方的图会给出钢筋的预览。设置见图 8-62。

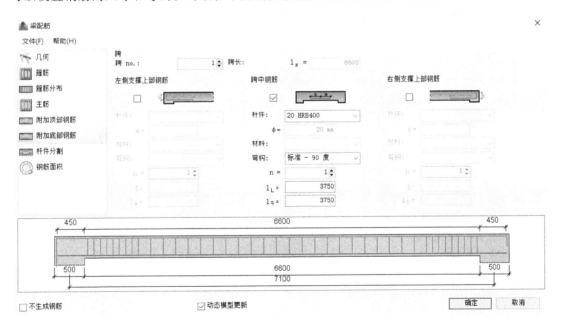

图 8-62

设置完成后，点击确认进行配筋。

本例梁在建模时，是按照单跨梁添加的。如果梁按照多跨梁建模，在使用速博进行配筋时就能选择不同跨对每跨进行配筋，见图 8-63。主筋中设置的钢筋是通长钢筋，其余的纵筋可以通过附加钢筋进行添加。这样可以一次性准确地生成各部分钢筋。

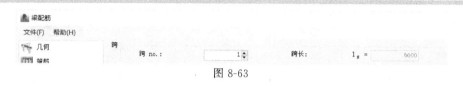

图 8-63

8.3.3　板配筋

速博插件不能为楼板配筋，需要使用区域钢筋和路径钢筋两个命令完成楼板的配筋。进入 "3.5" 平面视图，此处以一个房间为例。

8.3.3.1　绘制区域钢筋

这里使用区域钢筋为板添加下部钢筋。

点击【结构】选项卡＞【钢筋】面板＞【区域】，见图 8-64。

图 8-64

选择需要配置区域钢筋的楼板。

在属性栏中调整板下部的主筋和分布筋，见图 8-65。不勾选顶部筋。

在【修改｜创建钢筋边界】选项卡＞【绘制】面板 "线形钢筋" 中选择 "矩形" 绘制方式，创建该房间楼板钢筋的边界，并设置主筋方向，见图 8-66。

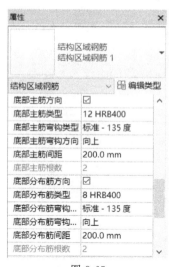

图 8-65

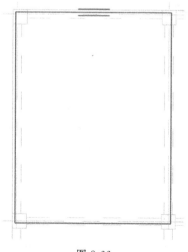

图 8-66

区域钢筋添加完成后是一个整体，无法对其组成钢筋单独调整，因此先删除这一整体关系。选中区域钢筋后，点击【修改∣结构区域钢筋】选项卡＞【区域钢筋】面板＞【删除区域系统】。之后选中钢筋便可以对钢筋进行调整，可拖动造型操纵柄调整锚固长度，并可在属性面板中修改弯钩形状，见图 8-67。

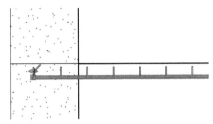

图 8-67

8.3.3.2　绘制路径钢筋

使用路径钢筋添加板的上部钢筋。启动路径钢筋命令，在属性面板中，对钢筋进行设置，见图 8-68。

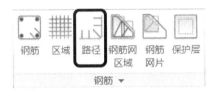

图层	
面	顶
钢筋间距	180.0 mm
钢筋数	40
主筋 - 类型	14 HRB400
主筋 - 长度	3200.0 mm
主筋 - 形状	21
主筋 - 起点弯钩类型	无
主筋 - 终点弯钩类型	无
分布筋	☐
分布筋 - 类型	8 HRB400
分布筋 - 长度	2000.0 mm
分布筋 - 形状	
分布筋 - 偏移	0.0 mm
分布筋 - 起点弯钩...	标准 - 90 度
分布筋 - 终点弯钩...	无

图 8-68

在选项栏中设置偏移，在绘图区域绘制区域钢筋的路径，见图 8-69。

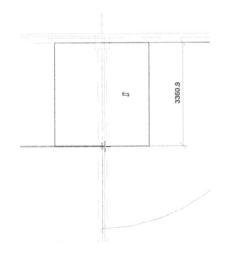

图 8-69

在平面中会生成钢筋符号，用户可以将其删除，上面两个步骤创建的钢筋如图 8-70。

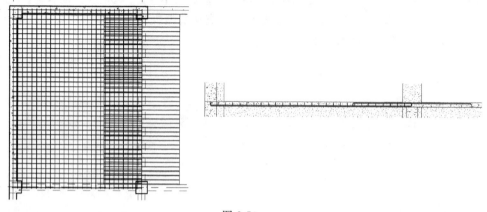

图 8-70

8.3.4 剪力墙配筋

8.3.4.1 使用区域钢筋和钢筋命令为墙配筋

以 A-5～A-6 的墙配筋为例。

打开南立面视图，使用区域钢筋命令。启动区域钢筋命令，选中墙体。绘制区域钢筋边界，见图 8-71。空出连梁的位置。在属性栏中调整如图 8-72。

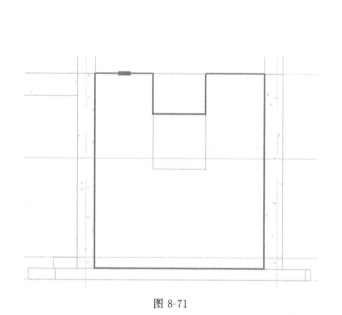

图 8-71

外部主筋方向	☑
外部主筋类型	10 HRB400
外部主筋弯钩类型	标准 - 90 度
外部主筋弯钩方向	指向内部
外部主筋间距	200.0 mm
外部主筋根数	26
外部分布筋方向	☑
外部分布筋类型	10 HRB400
外部分布筋弯钩类型	无
外部分布筋弯钩方向	指向内部
外部分布筋间距	150.0 mm
外部分布筋根数	34
内部主筋方向	☑
内部主筋类型	10 HRB400
内部主筋弯钩类型	标准 - 90 度
内部主筋弯钩方向	指向内部
内部主筋间距	200.0 mm
内部主筋根数	26
内部分布筋方向	☑
内部分布筋类型	10 HRB400
内部分布筋弯钩类型	无
内部分布筋弯钩方向	指向外部
内部分布筋间距	150.0 mm
内部分布筋根数	34

图 8-72

水平钢筋需要锚固到端柱中，进入"3.5"平面视图。为了显示窗洞，将视觉样式调整为"线框"。钢筋效果见图 8-73。先调整两端，选中墙水平钢筋，在两端出现箭头，见图 8-74。按住鼠标左键可拖动箭头。将钢筋两端拖动至柱中，见图 8-75。

调整窗洞处内侧钢筋的形状、位置。区域钢筋是一个整体，无法对其组成钢筋单独调整，因此先删除这一整体关系。选中区域钢筋后，点击【修改│结构区域钢筋】选

图 8-73

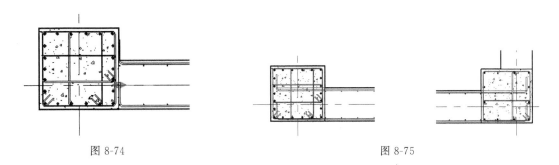

图 8-74   图 8-75

项卡＞【区域钢筋】面板＞【删除区域系统】，见图 8-76。区域钢筋便被拆分成了若干个钢筋集。选中需要调整的钢筋，见图 8-77。调整钢筋形状，将钢筋形状改为 22，见图 8-78。通过按"空格"键旋转钢筋，拖动造型控制柄，调整钢筋的形状尺寸。调整完毕后见图 8-79。

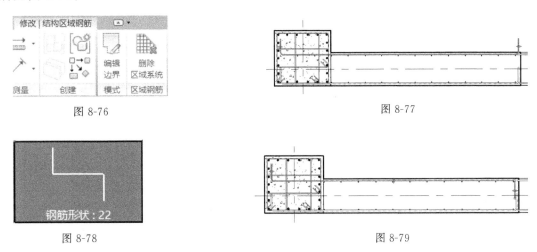

图 8-76   图 8-77

图 8-78   图 8-79

　　调整剪力墙竖向钢筋，在调整墙身水平钢筋伸入边缘构件的同时，墙体的竖向钢筋也随之添加到边缘构件中。调整钢筋的可见性使其在三维视图中可见，调整到"前"视图，选中需要调整的竖向钢筋集，通过拖动造型操纵柄，即四周的小三角形来进行调整，见图 8-80。调整完毕如图 8-81。

　　为边缘构件配筋，进入"3.5"平面视图，视觉样式调整为"线框"。由于边缘构件在墙内，添加箍筋时只能附着到墙体的保护层上，之后调整箍筋轮廓，见图 8-82。

　　完成剩余钢筋的添加并设置钢筋集，方法可参照为柱配筋，并调整墙横向钢筋位置，不与边缘构件纵筋发生位置冲突。配置完成边缘构件处的钢筋。本例中，连梁侧面纵筋与墙体横向钢筋间距不同，因此将墙横向钢筋集上边界下调。见图 8-83。

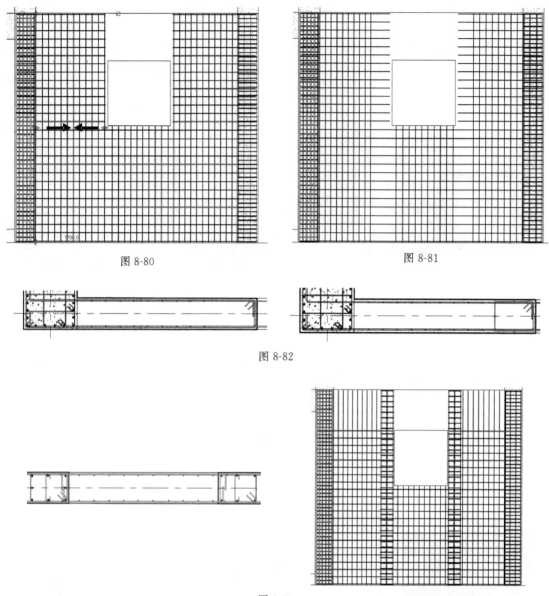

图 8-80

图 8-81

图 8-82

图 8-83

连梁配筋，进入"3.5"平面视图，创建一个连梁的剖面，见图 8-84。进入到剖面中，由于楼板将墙体分割开来，添加箍筋时，箍筋不能贯通整个连梁区域，需要对轮廓进行调整。其余操作与梁配筋相同，此处不再赘述。

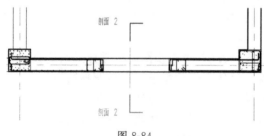

图 8-84

连梁钢筋添加完成效果见图 8-85。连梁纵筋在端部的锚固，用户根据构造进行调整，此处不再详细说明。

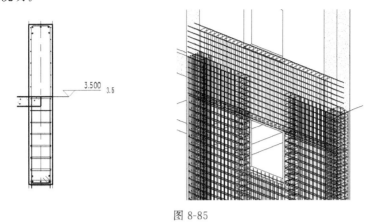

图 8-85

添加拉结筋，进入"1层截面"平面视图，启动钢筋命令，选择"6 HPB300"钢筋，钢筋形状选择 02，放置平面设为"当前工作平面"，放置方向设为"垂直于保护层"，按空格键调整好钢筋方向后进行放置，见图 8-86。

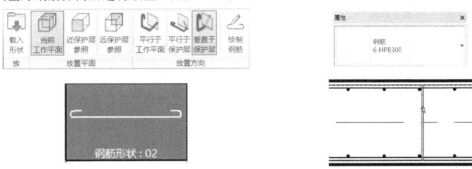

图 8-86

拖动其两端至墙体横向钢筋外侧，见图 8-87。调整可见性，进入三维视图"前"视图，将其布局设为"最大间距""450mm"。左右拖动造型控制柄，使其水平位置正确，见图 8-88。使用移动命令，在竖向将拉结筋移动到正确的位置，见图 8-89。

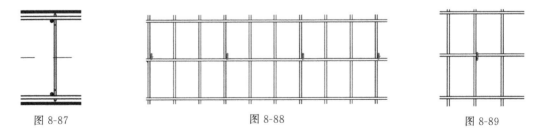

图 8-87   图 8-88   图 8-89

选中拉结钢筋集后，复制或使用阵列命令，完成竖向其余拉结筋的添加。

8.3.4.2 使用速博为墙配筋

选中墙体，点击【Extensions】选项卡＞【Autodesk Revit Extensions】面板＞【钢筋】，在下拉菜单中选择"墙"。弹出墙体配筋对话框。

① 分布钢筋：设置保护层厚度以及墙体水平钢筋和竖向钢筋。完成图 8-90 所示设置。

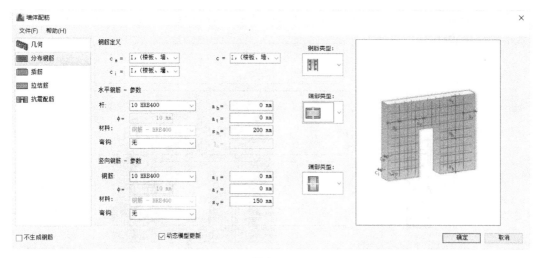

图 8-90

② 插筋：可以设置插筋的类型以及伸出长度，此处不进行设置。

③ 拉结筋：勾选拉结筋，分布类型选择矩形排布。设置如图 8-91。

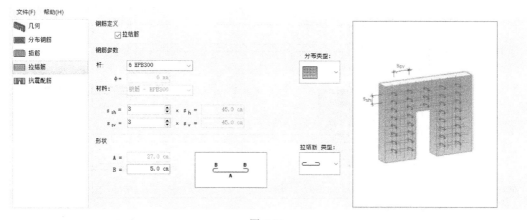

图 8-91

④ 抗震配筋：指的是剪力墙洞口边缘构件中的配筋，缺点是只能生成相同的边缘构件配筋。设置如图 8-92。

图 8-92

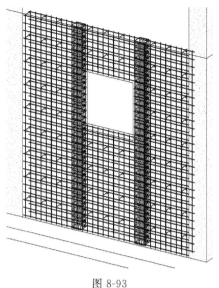

图 8-93

添加完成后，效果见图 8-93。钢筋以钢筋集的形式添加到墙体中。用户需要对边缘构件和连梁处钢筋进行修改。具体操作同前。

8.3.5　基础配筋

8.3.5.1　独立基础配筋（以 J-4 的配筋为例）

（1）使用钢筋命令为独立基础配筋

首先创建基础的剖面，进入"－1.5"视图，创建如图 8-94 所示剖面。进入剖面视图，调整视图范围后，见图 8-95。

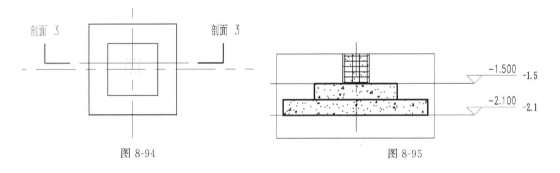

图 8-94　　　　　　　　　　　　　　　　图 8-95

> 🗨 **注意**
>
> 由于创建插筋的需要，创建剖面时要将柱剖切。

启动钢筋命令，钢筋选择 12 HRB400，形状选择 01，见图 8-96。

图 8-96

在【修改│放置钢筋】选项卡中，设置钢筋的放置平面为"当前工作平面"；放置方向为"平行于工作平面"；钢筋集中布局选择"最大间距"，间距设为"150.0mm"，见图 8-97。

图 8-97

向基础中放置纵向钢筋，见图 8-98。之后将放置方向调整为"垂直于保护层"，放置横向钢筋，见图 8-99。

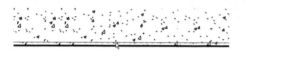

图 8-98

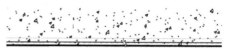

图 8-99

为基础添加插筋，由于钢筋生成时可以捕捉某一构件的保护层，而插筋位置特殊，无法直接添加。因此先将其添加至模型中，再进行调整。选择 18 HRB400 钢筋，钢筋形状选择 09，放置平面为"当前工作平面"，放置方向为"平行于工作平面"。

在截面中插入钢筋，见图 8-100。之后选中刚刚添加的钢筋拖动其造型操纵柄，对其形状进行修改，配合调整属性栏的参数，可以精确设定尺寸，调整后见图 8-101。

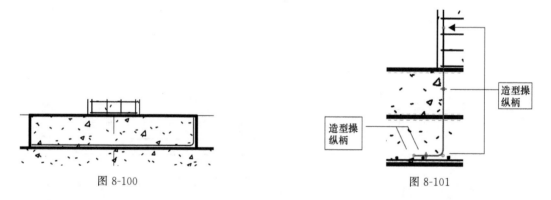

图 8-100

图 8-101

将插筋设置为在"-1.5"视图中可见，进入"-1.5"平面视图，可以看到刚刚在剖切面上放置的插筋，见图 8-102 (a)。适用复制、旋转命令，在其他柱纵筋处添加插筋，完成后见图 8-102 (b)。

为插筋添加定位箍筋，进入剖面 2 视图，将柱中最外圈箍筋复制到基础当中，见图 8-103。将其布局改为"最大间距""180mm"，拖动造型拖动柄进行调整。定位箍筋添加完成，见图 8-104。

对插筋进行调整，调整与柱纵筋的搭接。进入南立面视图或在三维视图中调整视角，选中需要调整的钢筋，对端点进行拖动可以调整钢筋位置，见图 8-105。在属性栏中可以调整钢筋的尺寸，见图 8-106。根据采取的连接方式，按照《混凝土结构设计规范》中的规定，调整箍筋和纵筋的相互位置关系，此处不做详细介绍。

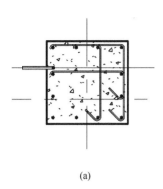

(a)

(b)

图 8-102

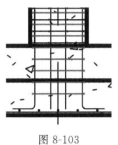

图 8-103

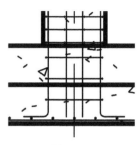

图 8-104

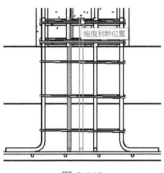

图 8-105

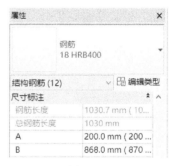

图 8-106

至此，基础配筋全部完成，三维效果见图 8-107。

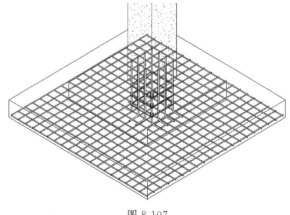

图 8-107

（2）使用速博为独立基础配筋

点击【Extensions】选项卡＞【Autodesk Revit Extensions】面板＞【钢筋】，在下拉菜单中选择"扩展式基脚"。

① 几何：显示柱的基本信息，由程序自动生成。

② 底部钢筋：设置见图 8-108。

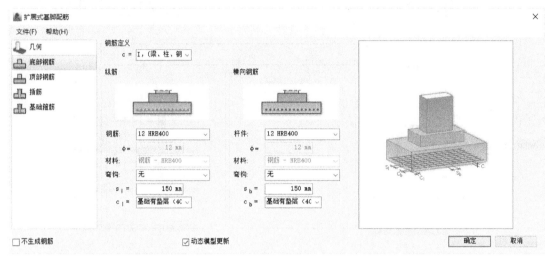

图 8-108

③ 插筋：设置见图 8-109。

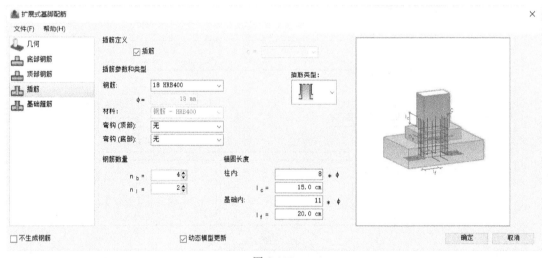

图 8-109

④ 基础箍筋：设置见图 8-110。

生成的基础配筋见图 8-111。图中已隐藏柱中钢筋。

8.3.5.2 条形基础配筋

以 A-5～A-6 之间的墙体为例。

（1）使用钢筋命令为条形基础配筋

进入为剪力墙连梁配筋时创建的剖面，进入剖面调整，剖面范围使条形基础可见。

启动钢筋命令，钢筋类型选择"14 HRB400"，钢筋形状选择 01，在功能区设置如图 8-112。

为基础添加受力钢筋，见图 8-113。

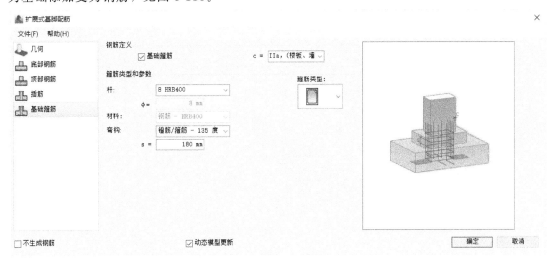

图 8-110

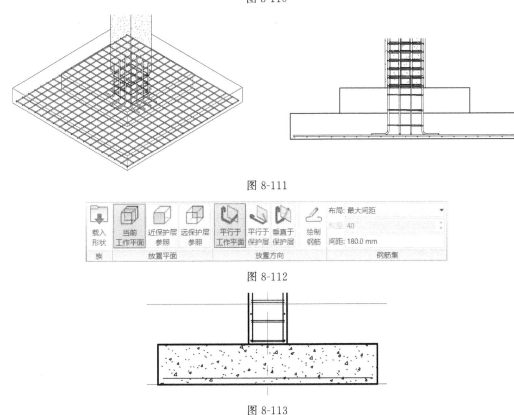

图 8-111

图 8-112

图 8-113

　　添加分布钢筋，钢筋类型选择 "8 HRB400"，钢筋形状选择 01，功能区设置见图 8-114。向基础中添加分布钢筋。

图 8-114

同样的方式，为相交的条形基础配筋后，调整可见性，三维效果如图 8-115。

调整转角处的钢筋排布，调整钢筋的可见性进入"－2.1"平面视图。选中钢筋拖动造型操纵柄，对受力钢筋和分布钢筋进行调整，见图 8-116。

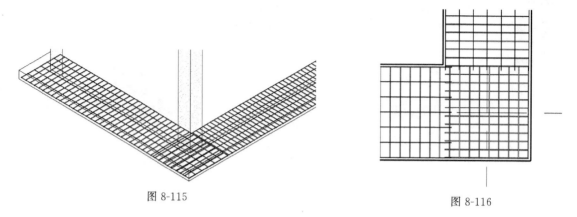

图 8-115   图 8-116

添加插筋，同柱下独立基础插筋添加方法相同。钢筋选择"10 HRB400"，功能区设置如图 8-117。添加后，调整形状，见图 8-118。

图 8-117

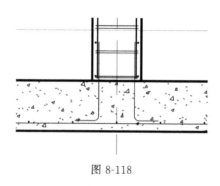

图 8-118

调整可见性，进入三维视图"前"视图，拖动插筋的造型操纵柄调整插筋与墙纵筋的竖向位置关系，见图 8-119。通过复制的方式，为其他墙体纵筋下端添加插筋，见图 8-120。

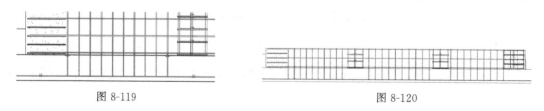

图 8-119   图 8-120

边缘构件处插筋添加方法相同，不再详细说明。

(2) 使用速博为条形基础配筋

选中墙下条形基础，见图 8-121。点击【Extensions】选项卡＞【Autodesk Revit Extensions】面板＞【钢筋】，在下拉菜单中选择"连续基脚"。

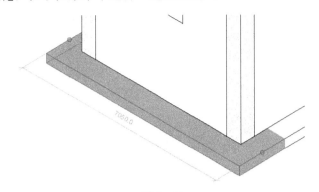

图 8-121

① 几何：显示选中条形基础的参数，由程序自动生成。

② 主筋：作如图 8-122 所示的设置。

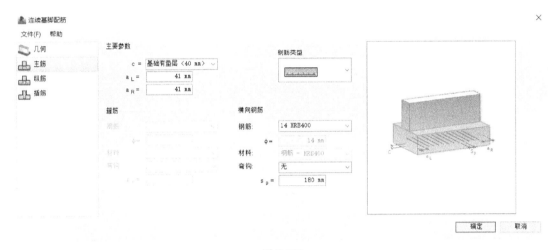

图 8-122

③ 纵筋：作如图 8-123 所示的设置。

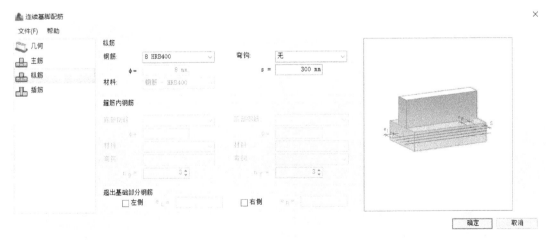

图 8-123

④ 插筋：插筋定义中勾选插筋，变为可编辑状态。插筋类型中没有需要的类型，此处不勾选。用户也可以使用速博生成插筋，再手动调整插筋形状，此处不再详细说明。设置完成后，点击"确定"。生成的钢筋见图 8-124。

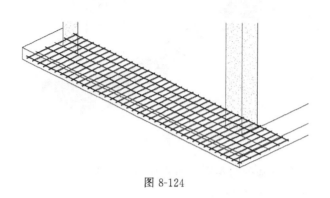

图 8-124

8.3.6 楼梯配筋

新建一个能够剖切楼梯的剖面，转到该剖面视图。

楼梯中钢筋形状不规则，使用绘制钢筋命令为楼梯添加配筋。启动钢筋命令，选择绘制钢筋，之后拾取钢筋的主体。梯段上便显示出了保护层。在属性栏中的类型选择器中选择相应的钢筋，设置起终点的弯钩类型，在绘图区域绘制钢筋的形状，见图 8-125。楼梯中其余钢筋的添加不再详细说明，用户自行添加。

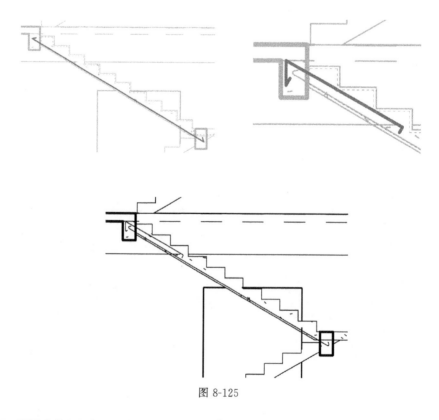

图 8-125

8.4 配筋参照图

本章构件的配筋结果参照本节配筋图。8.3.1 节对应的柱配筋见图 8-126。8.3.2 节对应的梁配筋见图 8-127。

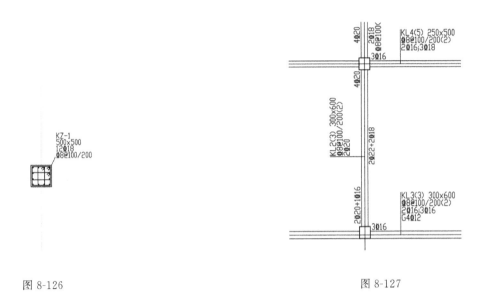

图 8-126   图 8-127

8.3.3 节对应的板配筋见图 8-128。

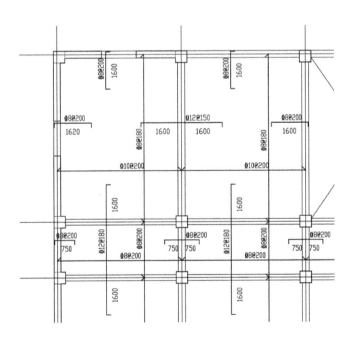

图 8-128

8.3.4 节对应的基础配筋见图 8-129 和图 8-130。

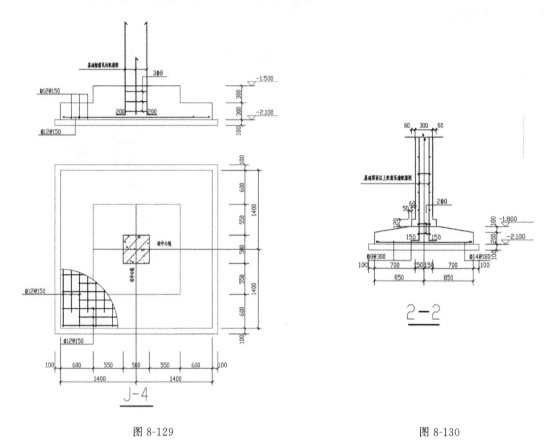

图 8-129   图 8-130

8.3.5 节对应的楼板配筋见图 8-131。

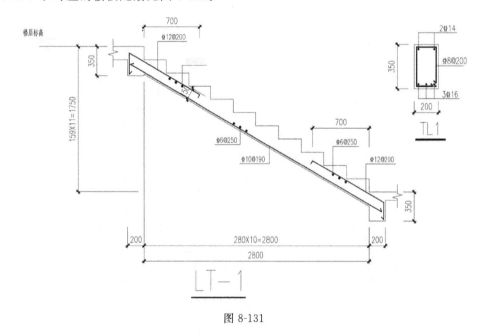

图 8-131

第 9 章

钢结构实例

本章要点 >>>

◎ 使用速博插件绘制轴网标高

◎ 使用速博插件生成框架

◎ 创建钢结构连接

钢结构建模不同于钢混结构建模，构件之间不会自动相连。建模时还需要创建结构连接。而且钢结构构件的空间位置较为复杂，手动建模过程繁琐，配合使用速博插件可以为用户节省大量时间。

本章以一个简单门式钢架为例，介绍使用速博插件创建钢结构模型的过程。

9.1 创建标高、轴网

用户可以按照之前介绍的方法为钢结构项目创建轴网标高。这里介绍使用速博创建轴网标高的方法。

创建一个新的项目文件，点击【应用程序菜单】>【新建】>【项目】，选择结构样板。注意保存。

点击【Extensions】选项卡>【Autodesk Revit Extensions】面板>【建模】，在下拉菜单中选择【轴网生成器】，见图 9-1。打开轴网生成器对话框。

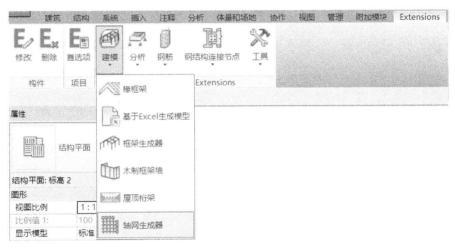

图 9-1

在"标高"中设置标高的样式、名称以及标高值，标高 1 设为 0，标高 2 设为 5000，其余不做修改，见图 9-2。

图 9-2

在"轴网"中，可以设置轴网类型、按选择的类型定义轴网、设置轴线的命名方式等等。创建直角坐标轴网，在"轴网"中进行如图 9-3 所示的设置。

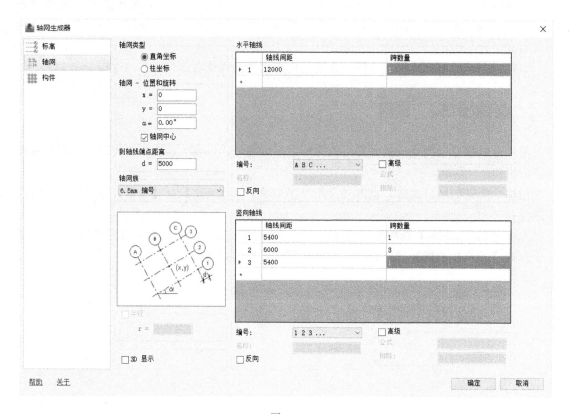

图 9-3

💡 提示

　　勾选"轴网中心",轴网便会生成在中心位置。到轴线端点距离,在对话框中的图上可以看到其含义,用户可以根据需要进行输入。

　　在构件一栏中,可以输入柱、梁、墙、基础的结构构件,在本例中不输入。用户设置完标高、轴网后,点击"确定",生成的标高、轴网见图9-4。

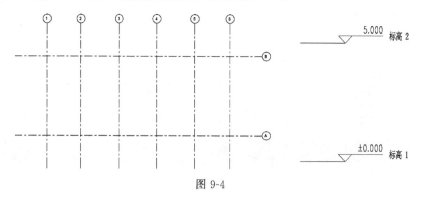

图 9-4

　　用户可以更改轴网号的位置、显示、字体、标高的样式等。方法详见第2章,此处不再赘述。

9.2 创建框架

9.2.1 创建构件

本例中的钢结构框架，使用速博直接生成。在生成模型之前，先要将所需类型的构件导入到项目中或使用速博创建。

9.2.1.1 梁、柱

本例中，梁与柱截面尺寸相同。

点击【Extensions】选项卡＞【Autodesk Revit Extensions】面板＞【工具】，在下拉菜单中选择【内容生成器】。

选择"参数截面"，勾选"柱"和"框架"。点击"添加"，在弹出的"参数截面"对话框中，截面选择"标准"，材料选择"钢材"，截面类型选择"I字形截面"，见图9-5。

图 9-5

完成设置后，点击确定，回到"内容生成器"对话框。此时对话框中显示了截面的参数，参数设置如图9-6。

设置完成截面参数后，点击"确认"，在项目中生成该截面的梁和柱。

9.2.1.2 檩条

檩条采用冷弯薄壁卷边槽钢，同样，进入速博【内容生成器】，选择"标准截面"，勾选"框架"。在列表中，根据对话框右侧生成的预览，选择构件，见图9-7。

由于选择的是标准截面，各尺寸已经给定，用户不能自行定义。点击"确定"。该标准构件的全部类型都将在项目中生成。

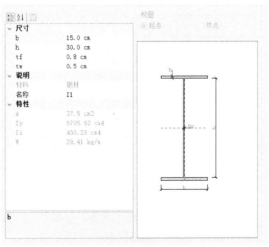

图 9-6

图 9-7

创建用户所需要的截面。在"项目浏览器"中，依次展开"族">"结构框架"可以看到使用速博生成的"CCL-半闭合槽钢（薄壁)-梁"，其中包含多个类型，见图9-8。如有所需要的类型可以直接使用。本例中所需截面，还需要在已有类型基础上，自行创建。

双击"CCL 180×70×2"，弹出"类型属性"对话框，点击复制，将新类型命名为"CCL 180×70×3"，将壁厚"tw"以及"ra"改为"3.0"，见图9-9。点击确认完成新类型的创建。

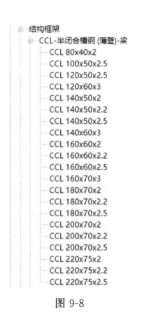

结构框架
CCL-半闭合槽钢 (薄壁)-梁
　　CCL 80x40x2
　　CCL 100x50x2.5
　　CCL 120x50x2.5
　　CCL 120x60x3
　　CCL 140x50x2
　　CCL 140x50x2.2
　　CCL 140x50x2.5
　　CCL 140x60x3
　　CCL 160x60x2
　　CCL 160x60x2.2
　　CCL 160x60x2.5
　　CCL 160x70x3
　　CCL 180x70x2
　　CCL 180x70x2.2
　　CCL 180x70x2.5
　　CCL 200x70x2
　　CCL 200x70x2.2
　　CCL 200x70x2.5
　　CCL 220x75x2
　　CCL 220x75x2.2
　　CCL 220x75x2.5

图 9-8

类型参数

参数	值
结构	
W	5.390 kg/m
Iz	45.18 cm4
Iy	343.93 cm4
Ix	0.09 cm4
A	6.87 cm²
横断面形状	未定义
尺寸标注	
vz	90.0
vy	48.9
vpz	90.0
tw	3.0
ra	3.0
d	180.0
bf	70.0
P1_L	20.0

<< 预览(P)　　　确定　　　取消　　　应用

图 9-9

9.2.1.3 支撑

屋面支撑、柱间支撑采用 $\phi12$ 的圆钢。采用系统自带的族，点击【插入】选项卡>【从库中载入】面板>【载入族】，在弹出的"载入族"对话框中依次打开"结构">"框架">"钢"，选择"圆钢.rfa"，见图9-10。

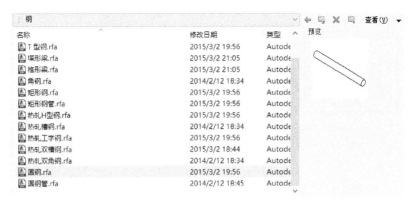

图 9-10

点击打开后，选择需要导入的类型。选择"圆形－12"，点击"确定"，完成导入，见图9-11。

图 9-11

9.2.2 使用速博生成框架

点击【Extensions】选项卡＞【Autodesk Revit Extensions】面板＞【建模】，在下拉菜单中选择【框架生成器】。打开框架生成器对话框，在其中可以定义构件以及空间位置，方便用户快速地生成框架。需要注意框架生成器不能生成连接。下面进行各部分的设置。

9.2.2.1 开间
"开间"的"结构尺寸"一栏中填写以下内容。

（1）n设为6。

（2）选择"框架任意间距"，将1跨和5跨的间距设为5400，其余跨设为6000。设置完成见图9-12。右侧中间是生成的预览，在该区域中，按住左键可以拖动，按右键可以旋转视角，下同。

9.2.2.2 几何
（1）"屋面类型"选择人字屋顶，勾选"开间对称"。

（2）"尺寸"中，h_r设为600；h_{c1}设为5000；h_{f1}设为0；b设为12000。

（3）"柱""梁"截面选择9.2.1节中生成的I字形截面，材料选择"金属-钢Q235"。其余不做修改。见图9-13。

9.2.2.3 檩条
（1）"定义"中选择"檩条数量"，将n_{pl}、n_{pr}设为5。

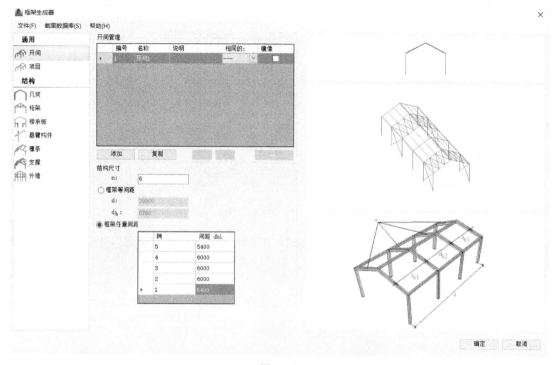

图 9-12

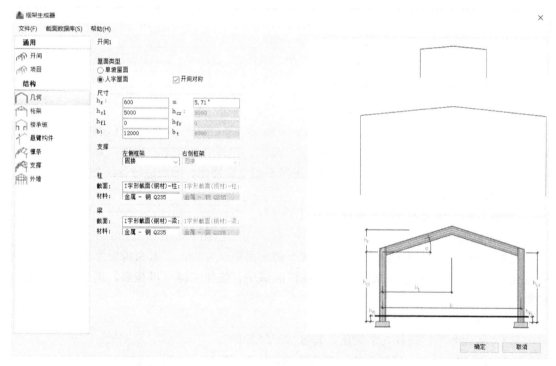

图 9-13

（2）"尺寸"中，将 d_{prl}、d_{prr} 设为 200；将 d_{pcl}、d_{pcr} 设为 400。

（3）"檩条"中，截面选择之前创建的"CCL $180 \times 70 \times 3$"，材料选择"金属-钢 Q235"。不设屋脊梁、支梁。见图 9-14。

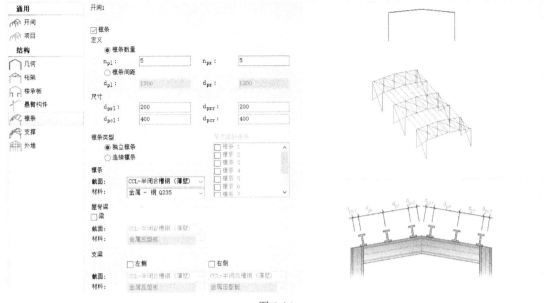

图 9-14

9.2.2.4 支撑

(1)"定义"中选择"坡屋面的支撑数量",并设置为 2。在下面的表中,设置支撑的位置以及形式。

(2)"尺寸"中,将 h_{wl}、h_{wr} 设为 5000。

(3)"墙体支撑""屋面支撑"中,截面采用前面导入的"圆钢:圆形-12",见图 9-15。

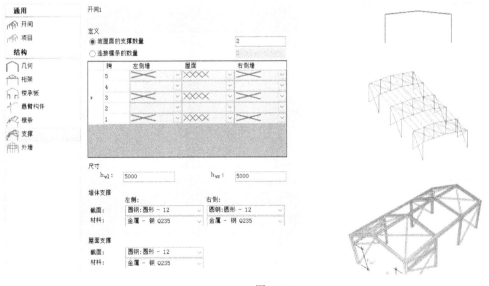

图 9-15

其他的构件不做设置,完成后点击"确定",在项目中生成该钢结构框架,在三维视图中效果见图 9-16。

在三维视图中框选所有构件,进入标高 2 视图。对框架进行旋转,并移动到轴网相应位置上,见图 9-17 和图 9-18。

移动完成后，进入东立面，显示见图 9-19。

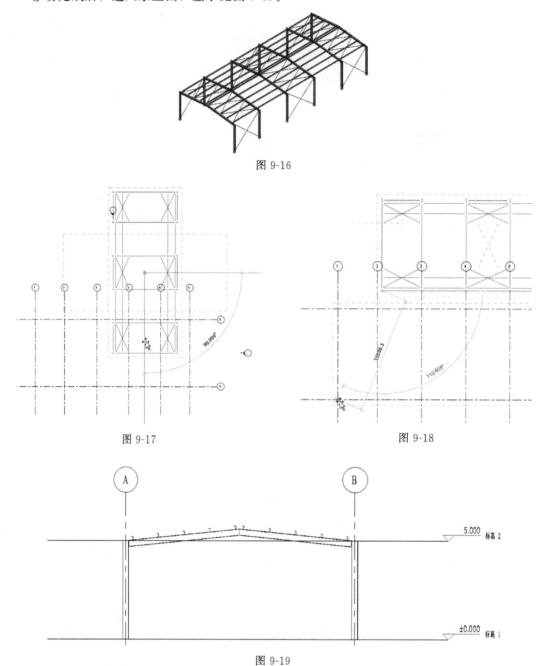

图 9-16

图 9-17

图 9-18

图 9-19

9.3 创建连接

使用速博创建连接，之后在其基础上进行修改。

9.3.1 梁-柱连接

以 A-6 处柱与梁的连接为例，说明如何创建结构连接。

9.3.1.1 为柱添加端板

首先需要对柱进行调整，在柱顶处将翼缘去掉加端板，双击结构柱，进入族编辑器。

由于柱是由速博生成，项目浏览器中的视图使用英文命名，进入前立面。将顶部标高改为 5000。创建如图 9-20 所示参照平面。

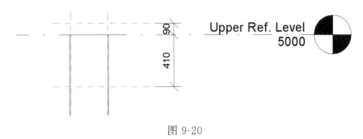

图 9-20

点击【创建】选项卡＞【形状】面板＞【空心形状】，类似拉伸，创建图 9-21 所示空心形状。去掉端板处的翼缘。之后使用拉伸命令创建端板，端板厚度为 22，创建后如图 9-22 所示。

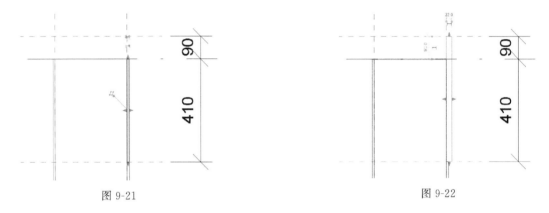

图 9-21   图 9-22

进入平面视图，点击【创建】选项卡＞【控件】面板＞【控件】，选择"双向垂直"，在途中放置控制点，见图 9-23。修改完成，柱顶三维效果如图 9-24。

图 9-23   图 9-24

点击功能区中的"载入到项目"，选择覆盖现有版本。调整项目中所有图形如图 9-25 所示，方向相反的柱，进入平面视图选中柱，点击控制点，见图 9-26。将柱的方向调换。

9.3.1.2 使用速博生成连接

选中柱和需要连接的梁，之后点击【Extensions】选项卡＞【Autodesk Revit Extensions】面板＞【钢结构连接节点】，在下拉菜单中选择【梁到柱-端板】，打开"梁-柱连接节点"对话框。在对话框中的设置如下。

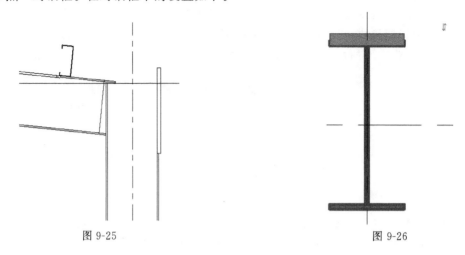

图 9-25   图 9-26

(1) 几何

① "连接节点类型"设为螺栓连接。

② 由于本例中所有构件的材质都为 Q235 钢,勾选"所有构件材料相同",并选择"金属-钢 Q235"。见图 9-27。

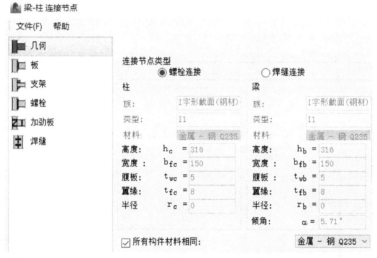

图 9-27

(2) 支架

由于支架的尺寸对板的尺寸有影响,因此先对支架进行设置。所需要的连接形式,速博并不能直接生成,但可以借助速博生成的连接,在其基础上进行修改。这是创建连接的便捷方法。对所需要的模型尺寸进行设置。

① "上部竖向支架""下部竖向支架"支架类型选择带有三角形的支架。

② 对上部支架、下部支架做同样的设置:高度设为 90,长度设为 115,腹板设为 10,材料设为"金属-钢 Q235"。其余设置不变。

③ 不勾选"上部加劲板""下部加劲板"。见图 9-28。

9.3.1.3 板

① "端板"中,高度设为 500,宽度设为 150,厚度设为 22,材料选择"金属-钢 Q235"。

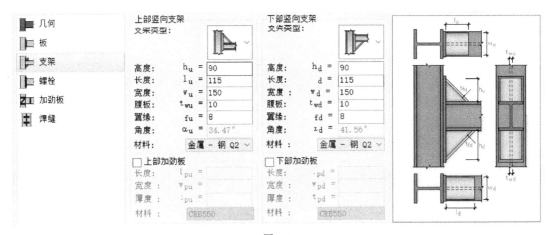

图 9-28

② 不勾选"柱翼缘上部支架""柱翼缘下部支架"。见图 9-29。

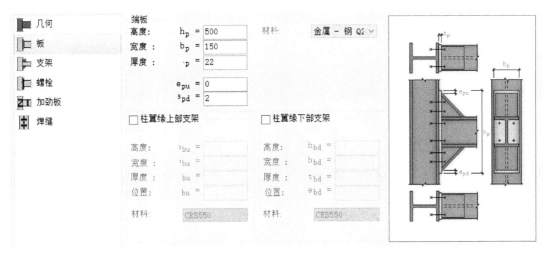

图 9-29

9.3.1.4　螺栓

①"螺栓"中，直径选择 M20，等级选择 10.9。

②"排列"中，列数设为 2，行数设为 4（螺栓数会自动生成 2，2，2，2），水平间距设为 80，竖向间距设为"95，210，95"，到边缘距离设为 50。见图 9-30。

9.3.1.5　加劲板

勾选柱水平加劲板，厚度均设为 10。支撑类型选择不带任何支撑。见图 9-31。

9.3.1.6　焊缝

焊缝采用程序默认值，不做修改，见图 9-32。

完成设置后，点击"确定"，系统会弹出如图 9-33 所示对话框。选择"否"。

完成后，进入东立面视图和三维视图中观察，切换到"1：10"的显示比例，连接位置如图 9-34。

可以看到加劲板、支架、螺栓的位置存在问题，而且此时生成的连接并不是所需要创建的连接，下面使用族编辑器，在此基础上进行修改。

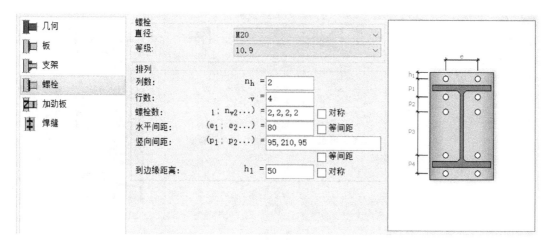

图 9-30

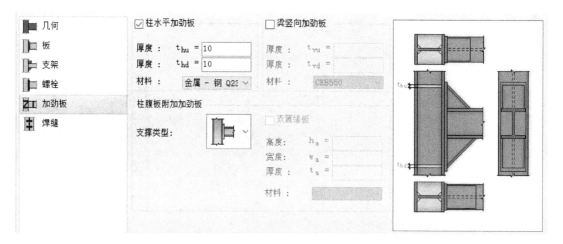

图 9-31

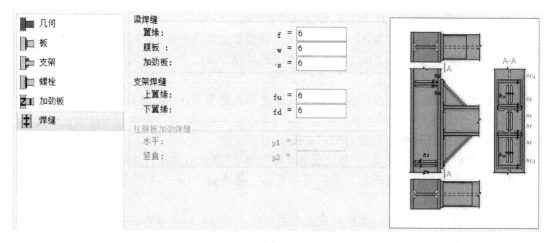

图 9-32

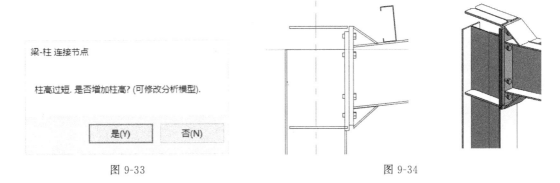

图 9-33	图 9-34

此时还可以看到梁的顶部标高与柱顶标高没有对齐，选中连接与梁向下移动，调整完成后见图 9-35。由于其他的梁未进行调整，在此视图中，会看到后面梁的翼缘。

9.3.1.7 对速博生成的连接进行修改

速博生成的连接，是结构连接族，双击该连接，进入族编辑器。

族编辑器中，该连接见图 9-36。

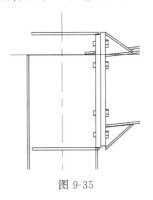

图 9-35

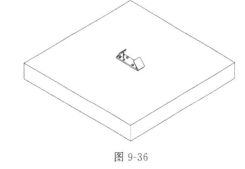

图 9-36

由于该族是由速博生成，因此在项目浏览器中的视图均用英文命名。进入前立面视图，调整显示比例为 1：5，视觉样式为"线框"，效果见图 9-37。开始进行修改。

① 删掉支架的翼缘。选中翼缘，点击功能区【修改】面板中的删除【✖】，或使用快捷键 DE。删除后效果见图 9-38。

② 调整端板及螺栓的位置。从左上至右下框选端板及螺栓，使用移动命令，与支架对齐，完成后见图 9-39。

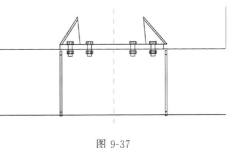

图 9-37

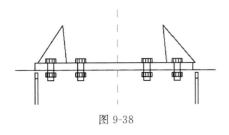

图 9-38

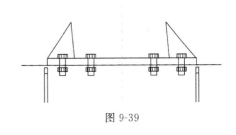

图 9-39

第 9 章　钢结构实例　181

③ 添加端板，目的是定位螺栓和加劲板。从左上至右下选中端板，使用镜像命令，在端板下面创建新的端板，见图 9-40。

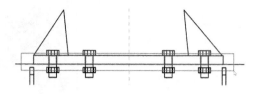

图 9-40

④ 调整螺栓及孔洞位置。

⑤ 调整加劲板，完成后见图 9-41。

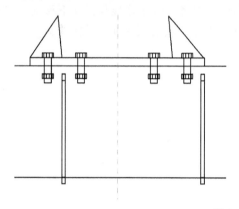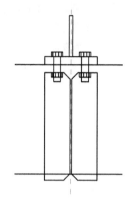

图 9-41

完成后，将镜像生成的端板删除。点击功能区中的"载入到项目"。选择覆盖现有版本。进入到项目中，该节点连接的立面和三维效果见图 9-42。

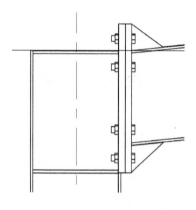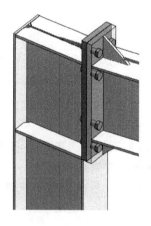

图 9-42

💡 提示

若有尺寸的偏差，用户可以多次进入族编辑器中调整然后载入项目中。对于细小的偏差，使用对齐、移动命令调整即可。

其余的梁-柱连接便可以通过复制、镜像等方法，进行添加。

9.3.2 梁-梁连接

梁与梁的连接，在梁柱连接的基础上加以修改。

双击梁-柱连接，进入族编辑器，将其保存为"梁-梁连接"。

进入前立面视图，将加劲板删除。使用镜像命令添加端板和支撑，并调整螺栓，见图9-43。

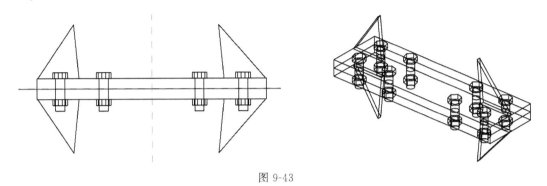

图 9-43

载入到项目中。进入三维视图，点击【结构】选项卡＞【工作平面】面板＞【设置】配合"Tab"键，拾取梁的端面作为工作平面，见图9-44。

点击【结构】选项卡＞【模型】面板＞【构件】，在放置面板中选择放置在工作平面上，见图9-45。

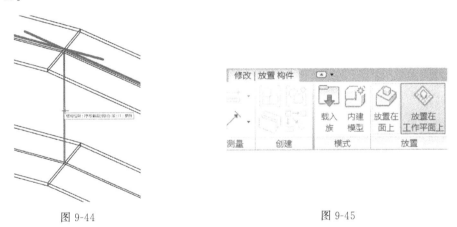

图 9-44   图 9-45

之后，将鼠标移动到梁-梁节点处，程序会给出构件的预览，按空格键可以进行旋转。方向正确后，点击鼠标完成放置。位置不准确可以在三维视图中调整。调整完成后见图9-46。

9.3.3 檩条垫

将檩条调整至正确位置后，为檩条添加檩条垫，下面介绍檩条垫族的创建方法。

9.3.3.1 创建檩条垫族文件

（1）选择族样板文件。点击【应用程序菜单】＞【新建】＞【族】，弹出"新族-选择族样板"对话框。选择"基于面的公制常规模型.rft"族样板文件，点击"打开"，进入族编辑器。

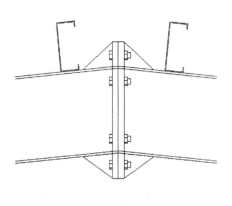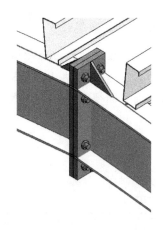

图 9-46

（2）设置"族类别和族参数"。点击【创建】选项卡＞【属性】面板＞【族类别和族参数】，打开"族类别和族参数"对话框，在"族类别"一栏中将"常规模型"改为"结构连接"，在"族参数"一栏中，将"用于模型行为的材质"改为"钢"，勾选"共享"，见图9-47。

（3）设置族类型和参数。点击【创建】选项卡＞【属性】面板＞【族类型】，打开"族类型"对话框，新建类型名称为"檩条垫$100\times63\times6\times80$"，添加参数"长肢宽""短肢宽""厚度""内圆弧半径"等，见图9-48。

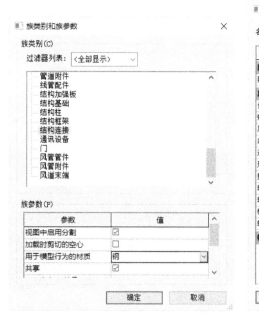

图 9-47   图 9-48

（4）创建参照平面。点击【创建】选项卡＞【基准】面板＞【参照平面】，在左立面视图和前立面视图中绘制参照平面，左立面视图和前立面视图分别见图9-49和图9-50。

（5）为参照平面添加注释。点击【注释】选项卡＞【尺寸标注】面板＞【对齐】，点取需要标注的参照平面，为其添加标注。选中标注后，在选项栏"标签"的下拉菜单中可以选择参数，将该参数与所选中的标注关联起来，见图9-51。

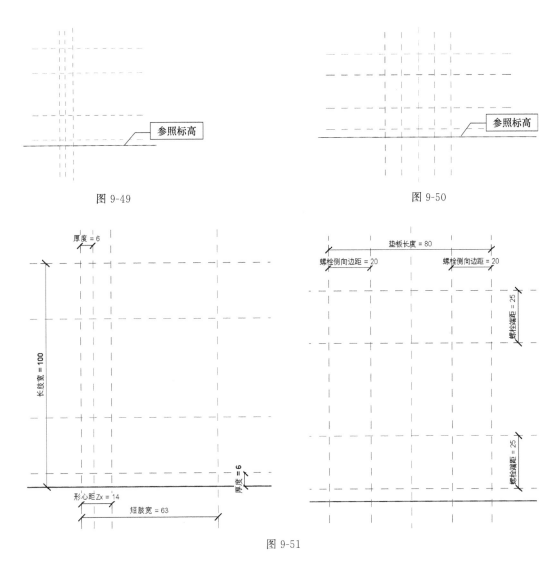

图 9-49

图 9-50

图 9-51

（6）绘制模型形状。点击【创建】选项卡＞【形状】面板＞【拉伸】，进入编辑模式。使用【绘制】面板中的绘图工具，在左立面视图中绘制供拉伸的截面形状，并将截面锁定在参照平面上，见图 9-52。绘制完成后，修改"属性"面板"拉伸起点"为"－40"，"拉伸终点"为"40"，见图 9-53。点击【修改｜创建拉伸】选项卡＞【模式】面板＞【完成编辑模式】。三维效果见图 9-54。

提示

边端圆角可以使用"起点-终点-半径弧"绘制，依次点击起点和终点，输入半径值为"10"即可。

（7）嵌入螺栓族文件。点击【插入】选项卡＞【从库中载入】面板＞【载入族】，打开"载入族"对话框，选择"普通 C 级六角头螺栓"族文件打开，在"指定类型"对话框中选择"M6"螺栓，见图 9-55。

（8）添加螺栓。点击【创建】选项卡＞【模型】面板＞【构件】，见图 9-56。在"属性"面板"实例属性"下拉菜单中选择"普通 C 级六角头螺栓 M6"，或者在"项目浏览器"

中点击"族">"结构连接">"普通C级六角头螺栓">"M6",鼠标拖动至绘图区域,见图9-57。

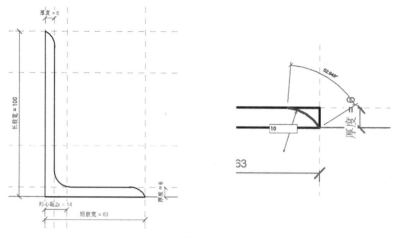

图 9-52

图 9-53

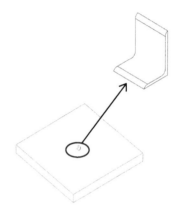

图 9-54

指定类型

族：

普通C级六角头螺栓.rfa

类型：

类型	d	s	k	c	dw	d1	
	(全部)	(全部)	(全部)	(全部)	(全部)	(全部)	
M5	5.0	8.0	3.5	0.5	6.7	5.5	1
M6	6.0	10.0	4.0	0.5	8.7	6.6	1
M8	8.0	13.0	5.3	0.6	11.5	9.0	1
M10	10.0	16.0	6.4	0.6	14.5	11.0	2
M12	12.0	18.0	7.5	0.6	16.5	13.5	2

在右侧框中为左侧列出的每个族选择一个或多个类型

确定　　取消　　帮助

图 9-55

图 9-56

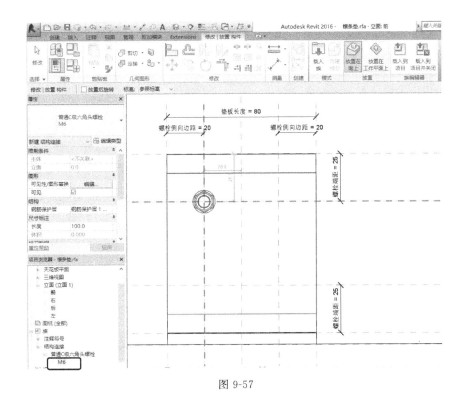

图 9-57

💡 提示

当添加的螺栓较多时，可以采用"阵列"命令。先选中一个螺栓，点击【修改】选项卡＞【修改】面板＞【阵列】，见图 9-58。"选项栏"设置见图 9-59。在绘图区依次点击螺栓阵列开始的位置和最后一个位置，输入需要阵列的螺栓个数，完成阵列，见图 9-60。

图 9-58   图 9-59

（9）当载入多个螺栓类型后，为在项目中选择不同类型的螺栓，可以在族文件中添加族类型参数。点击【族类型】，弹出"族类型"对话框，点击右侧"参数"一栏中的"添加"，弹出"参数属性"对话框，在"参数数据"一栏输入新增参数名称"螺栓类型"，规程为"公共"，参数类型选择为"＜族类型＞"，在弹出的"选择类别"对话框中选择"结构连接"类别，参数分组方式为"结构"，见图 9-61。点击确认完成以上操作。

回到绘图区域，选中所有螺栓，将属性面板"其他"一栏中的"标签"改为"螺栓类型"，见图 9-62。

💡 提示

如果采用阵列的方式添加螺栓，则选中任一螺栓，然后点击【修改｜模型组】选项卡＞【成组】面板＞【编辑组】，见图 9-63，在绘图区点击高亮显示的可以编辑的螺栓，将"属性"面板"其他"一栏中的"标签"改为"螺栓类型",点击【完成】退出编辑组,见图9-64,同样,为另一列螺栓也设置同样的"螺栓类型"标签。

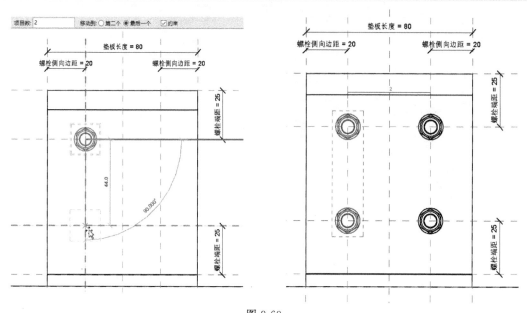

图 9-60

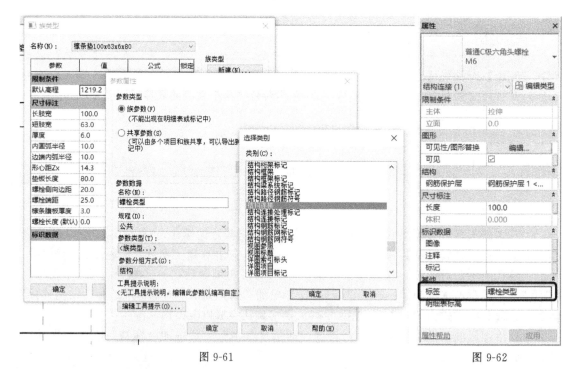

图 9-61   图 9-62

之后便能够修改"螺栓类型"这一参数,更改螺栓类型,见图9-65。

为了在项目中更方便地调整螺栓长度,可以选中所有螺栓,在"属性"面板"尺寸标注"一栏中点击"长度"后面的 ⬚,弹出"关联族参数"对话框,见图9-66,选择"螺栓长度",点击"确认"即可,这样在项目中可以通过修改"螺栓长度"实例参数来改变螺栓的长度。在"族类型"对话框中设置螺栓长度的关系式为"螺栓长度＝厚度＋檩条腹板厚度"，见图 9-67，如此，在项目中仅需改变族文件的檩条腹板厚度，连接板即可紧贴檩条。

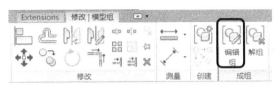

图 9-63

图 9-64

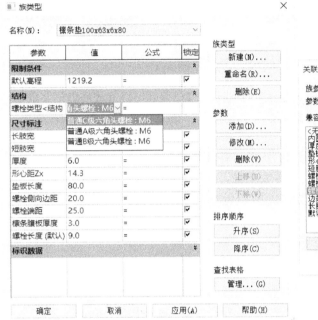

图 9-65

图 9-66

至此，檩条垫族文件创建完成。

9.3.3.2 添加檩条垫

在檩条垫族文件创建完成后，点击【修改】选项卡＞【族编辑器】面板＞【载入到项目中】，在"项目浏览器"中点击"族"＞"结构连接"＞"檩条垫"，鼠标拖住"檩条垫"至绘图区，选择工字钢梁上表面作为放置平面，按"空格"键可调整方向，放置后见图9-68。若放置的位置不符合要求，可以在放置后用对齐命令到相应的位置。添加后的三维效果见图 9-69。

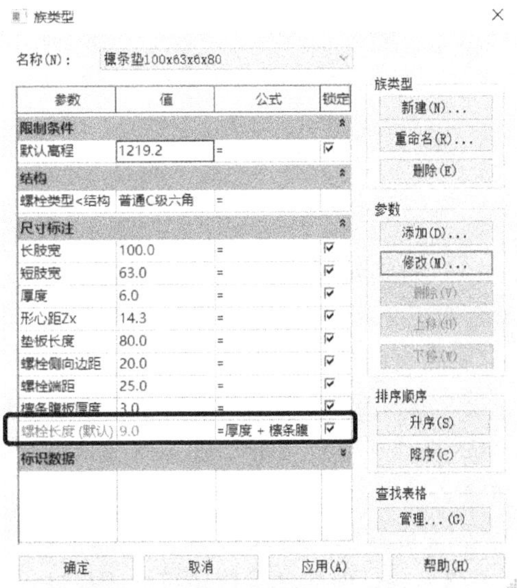

9.3.4 支撑连接

9.3.4.1 创建支撑连接板

（1）选择族样板文件。点击【应用程序菜

图 9-67

单】＞【新建】＞【族】，弹出"新族-选择族样板"对话框。选择"公制常规模型.rft"族样板文件，点击"打开"，进入族编辑器。

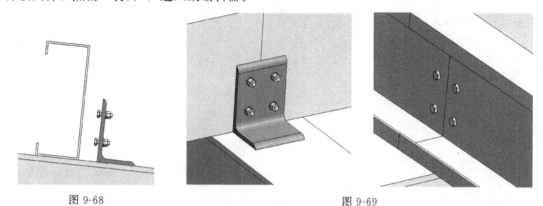

图 9-68   图 9-69

（2）设置"族类别和族参数"。点击【创建】选项卡＞【属性】面板＞【族类别和族参数】，打开"族类别和族参数"对话框，在"族类别"一栏中将"常规模型"改为"结构连接"，在"族参数"一栏中，将"用于模型行为的材质"改为"钢"，勾选"共享"，见9-70。

（3）设置族类型和参数。点击【创建】选项卡＞【属性】面板＞【族类型】，打开"族类型"对话框，添加参数。添加参照线与参数关联，见图 9-71。

图 9-70   图 9-71

（4）完成形状的绘制，效果见图 9-72。

9.3.4.2　将连接加入到支撑族中

① 在钢结构实例项目中，选中创建好的圆钢，双击打开"圆钢"族文件。

② 在楼层标高视图中绘制参照平面，以完成支撑连接板的定位。

③ 将"支撑连接板"族文件载入到"圆钢"族文件中，把"支撑连接板"添加到合适的位置，并锁定，见图 9-73。

④ 完成后的三维效果见图 9-74。将该族载入项目中。

9.3.4.3　创建柱上连接板并完成连接

还须创建柱上的连接板，以将支撑连接到主体结构。创建的连接板见图 9-75。之后将该连接板添加到项目中，并添加螺栓，完成后的节点效果见图 9-76。

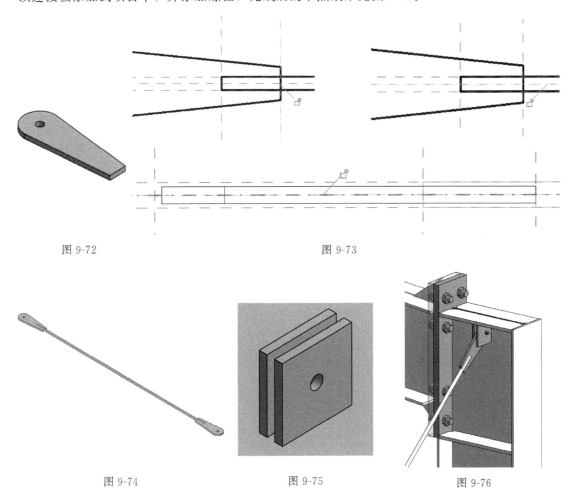

图 9-72   图 9-73

图 9-74   图 9-75   图 9-76

第 10 章

结构分析模型

本章要点 >>>

- 设置荷载工况及荷载组合
- 分析模型属性
- 分析模型的查看和编辑
- 结构荷载
- 与 Autodesk Robot Structural Analysis 交互
- Robot 中的结构分析与调整

结构分析模型是 Revit 和结构分析软件数据传递的载体，用于结构分析和计算，提供结构计算所需的结构信息。Revit 在创建结构实体模型的同时，会自动创建和实体模型一致的结构分析模型，可以导出到分析和设计应用程序。

结构的分析模型由一组结构构件分析模型组成，结构中的每个图元都与一个结构构件分析模型对应。以下结构图元具有结构构件分析模型：结构柱、结构框架图元（如梁和支撑）、结构楼板、结构墙以及结构基础图元。

10.1　结构参数设置

结构设置命令　【管理】选项卡＞【设置】面板＞【结构设置】

或【结构】选项卡＞【结构】面板右下角的"↘"（图 10-1）

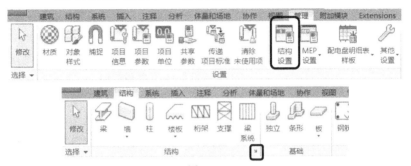

图 10-1

结构参数设置包括：符号表示法设置、荷载工况、荷载组合、分析模型设置和边界条件设置。启动结构设置命令，打开"结构设置"对话框，第一个板块为"符号表示法设置"，见图 10-2。

图 10-2

10.1.1 符号表示法设置

"符号表示法设置"板块包含"符号缩进距离""支撑符号"和"连接符号"三栏。

① 符号缩进距离：表示支撑、梁/桁架或柱与其他结构框架构件两者符号表示法之间的缩进距离。

② 支撑符号：此栏专门控制符号支撑，"平面表示"有"平行线"和"有角度的线"两种，平面视图中支撑的符号表示法由一条平行于该支撑的线表示。

③ 连接符号：连接符号显示在梁、支撑和柱符号的末尾。用户可以定义自己的连接类型，并为每种类型指定连接符号族。类型分为梁/支撑终点连接、柱顶部连接，以及柱底部连接。

10.1.2 荷载工况

荷载工况命令 【分析】选项卡＞【分析模型】面板＞【荷载工况】（图 10-3）

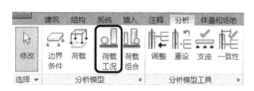

图 10-3

或者通过【结构设置】命令调出此对话框，对话框中第二个板块为"荷载工况"，见图 10-4。

在"荷载工况"一栏中，默认状态下设置了 8 项，用户可根据需要添加新的"荷载工况"。点击右侧"添加"，此时添加了"新工况1"一行，修改新工况的名称，"工况编号"只读不可修改，然后通过"性质"和"类别"下拉菜单选择新工况的性质和类别。

图 10-4

提示

用户也可通过复制添加新工况。在表中点击选择现有的荷载工况，右侧"添加"按钮变为"复制"，点击"复制"，然后根据需要编辑新荷载工况。

在"荷载性质"一栏中，默认状态下设置了8种常用的荷载性质，点击右侧"添加"可添加新的荷载性质。

10.1.3 荷载组合

荷载组合命令 【分析】选项卡＞【分析模型】面板＞【荷载组合】（图10-5）

或者通过【结构设置】命令调出此对话框，对话框中第三个板块为"荷载组合"，见图10-6。

图10-5

在"荷载组合"一栏中，点击右侧"添加"，出现"新组合1"一行，可对组合进行重命名，并定义公式、类型、状态、用途。

公式在下方左侧"编辑所选公式"一栏中进行编辑，点击"添加"后，设置系数并选择工况。

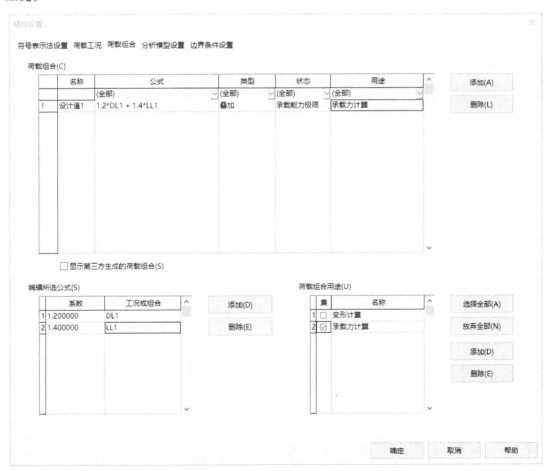

图10-6

类型可选择"叠加"或"包络"。

状态可选择"正常使用极限状态"或"承载力极限状态"。

荷载组合用途由用户设定。在右下角荷载组合用途一栏中点击添加，为用途设置名称后，勾选便会设置为工况的用途。

添加的荷载组合，在和结构分析软件数据传递时，都将被有效地传递。

10.1.4　分析模型设置

启动【结构设置】命令，"结构设置"对话框中第四个板块为"分析模型设置"，见图 10-7。

图 10-7

此面板下的参数用于设置系统检查结构分析模型的容许错误等。如果勾选了"自动检查"一栏中的"构件支座"和"分析/物理模型一致性"选项，在结构模型创建和变更的过程中，当超过了"允许误差"中设置的某项限制时，系统会发出警告，提示用户有某项指标超过允许误差，见图 10-8。

如果不勾选，用户可以随时通过点击【分析】选项卡＞【分析模型工具】面板＞【支座】或者【一致性】来完成分析模型的检查，见图 10-9。

默认状态下，梁、支撑、结构柱等线性分析模型为三段颜色不同的线，绿色表示起点，红色表示终点，中间主体颜色各不相同。当不勾选"分析模型的可见性"一栏的"区分线性分析模型的端点"时，则分析模型线没有起点的绿色段和终点的红色段。

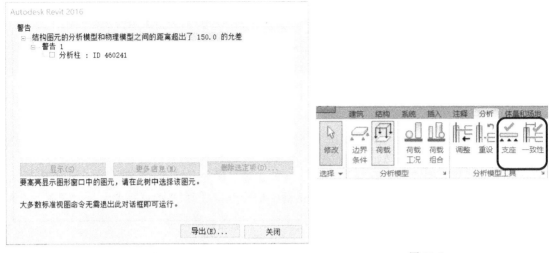

图 10-8 图 10-9

10.1.5 边界条件设置

启动【结构设置】命令，"结构设置"对话框中第五个板块为"边界条件设置"，见图10-10。此面板下的参数用于设置结构边界条件的表示符号，它们所表示的族文件符号见图10-11。

图 10-10

固定 铰支 滑动 用户定义

图 10-11

10.2 结构分析模型查看和编辑

10.2.1 添加分析模型平面

默认情况下，标高 1 和标高 2 的分析模型平面已经生成，其余标高的分析模型平面并未生成，因此需要创建对应的分析模型平面，以便于结构分析模型的查看和修改。本节以"3.5"平面为例创建分析模型平面，过程如下。

图 10-12

(1) 复制标高

右击项目浏览器中的"标高 3"，在弹出的对话框中依次点击选择"复制视图"＞"复制"，见图 10-12，此时生成标高 3 的复制标高"标高 3 副本 1"，重命名"标高 3 副本 1"为"标高 3-分析"。

(2) 为分析模型选定视图样板

右击"标高 3-分析"，在弹出的对话框中点击选择"应用样板属性"，打开"应用视图样板"对话框，见图 10-13。

在"视图样板"一栏中，选择规程过滤器为"全部"，"视图类型过滤器"为"楼层、结构、面积平面"，"名称"为"单独结构分析"，点击"确认"完成设置。"标高 3-分析"即为"标高 3"的分析模型平面。

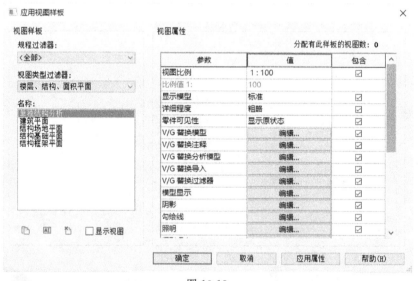

图 10-13

💡 **提示**

用户可以在结构构件的属性栏中，来选择是否启用分析模型，结构构件默认为启用，见图 10-14。

10.2.2 梁、支撑、结构柱的分析模型

默认状态下，梁的分析模型始终位于物理模型的顶面，见图10-15，不会随着梁物理模型实例属性"Z向对正"的改变而改变。如需调整梁的分析模型相对于物理模型的位置，可选中梁的分析模型，在"属性"面板"分析平差"一栏中，默认对齐方式为"自动检测"，见图10-16，其余选项不可编辑。将对齐方式改为"投影"，即可设置起点和终点对齐方式。

图 10-14

在属性栏"释放/杆件力"中可以设置梁端的约束，程序自动进行了设置，用户可根据需要进行更改。可设置为三种特定的约束：固定、铰支和弯矩，也可设置为"用户定义"来自己进行设置。

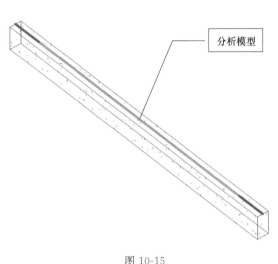

图 10-15

图 10-16

"分析链接"可以创建连接两个分析节点的链杆，来连接两个分离的分析节点，例如连接偏移柱或梁。选择"是"后，程序会为梁创建链杆。见图10-17。有关"分析链接"的设置，在分析模型调整一节中，会详细介绍。

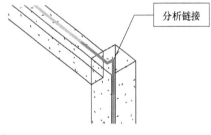

图 10-17

梁分析模型相对于物理模型的位置，对梁的物理模型没有影响，但它将会影响到传递至结构分析软件中的模型，以 Robot Structure Analysis 为例，默认状态下，Revit 中的梁分析模型会被当作分析软件中梁的中心线传递。

选中梁的分析模型时，在功能区面板会出现和结构分析模型相关的按钮，见图10-18。

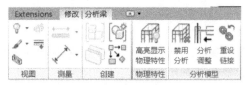
图 10-18

点击【高亮显示物理特性】，将会高亮显示物理模型的特性，点击【禁用分析】，该构件的分析模型将被移除，此构件将不作为结构构件传递到结构分析软件中。

本例中，对楼梯梁采用禁用分析。

如果需要启用该分析模型，只需要选中梁的物理模型，在"属性"面板"结构"一栏中勾选"启动分析模型"即可。【分析调整】将在 10.2.5 节中详细介绍。

支撑和结构柱的分析模型与梁类似，在此不再赘述。

10.2.3 板的分析模型

默认情况下，板的分析模型位于物理模型的顶面，见图 10-19，可通过"属性"面板中"分析平差"一栏的修改进行调整，见图 10-20。此外，"属性"面板"分析模型"一栏中的"分析为"是用于指定穿过楼板或屋顶板到其支撑的荷载传输，包含单向和双向两种。

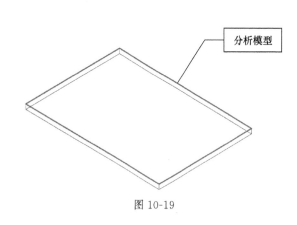

图 10-19

图 10-20

10.2.4 分析模型显示控制

分析模型的可见性控制方法有两种。

（1）点击视图控制栏中的"显示分析模型/隐藏分析模型"，见图 10-21。

图 10-21

（2）点击【视图】选项卡＞【图形】面板＞【可见性/图形】，快捷键 VV，打开任一视图的"可见性/图形替换"对话框，此处在三维视图中打开，见图 10-22，选择"分析模型类别"板块，选择是否勾选"在此视图中显示分析模型类别"。

结构板、结构墙、板基础等面形分析模型，在"视觉样式"设置为"着色"或者"一致的颜色"时（图 10-23），才可以显示为板分析模型设置的视觉效果，见图 10-24。

10.2.5 分析模型调整

在分析视图下，点击【分析】选项卡＞【分析模型工具】面板＞【调整】（图 10-25），

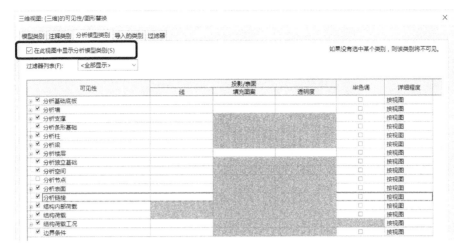

图 10-22

在绘图区各线性构件的端点会出现"分析节点",此处以三维分析模型视图为例,见图 10-26。

图 10-23

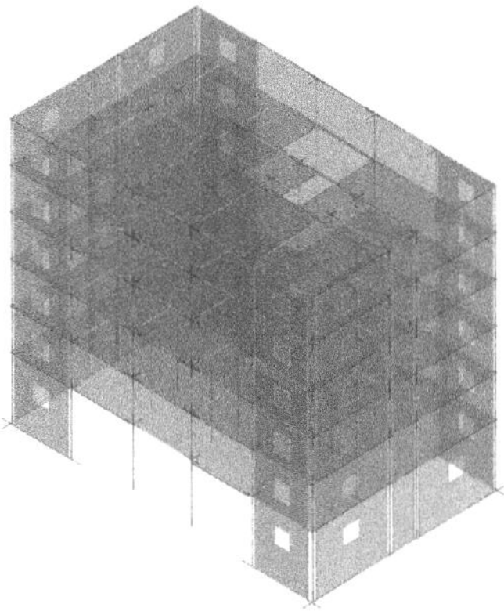

图 10-24

图 10-25

在绘图区,点击选中一个"分析节点",即出现该分析节点的局部坐标系,见图 10-27。按"空格键"可改变坐标表示符号,可通过拖动局部坐标系各方向来改变分析节点的位置,节点可任意方向拖动,拖动单个坐标方向轴可在该坐标轴上改变节点位置。分析模型的修改不会影响到物理模型。

点击"编辑分析模型"面板中的"分析链接"可拾取分析节点来创建分析链接。若在分析梁、分析柱的属性栏中设置了分析链接则会自动生成。通过分析链接的类型属性来设置链杆的约束,见图 10-28。用户可在此创建新的类型。

10.2.6 边界条件

如 10.1.5 节内容所述,Revit 提供了固定、铰支、滑动和用户自定义四种边界条件,用户不仅可以通过选中结构构件，为构件设置约束释放条件，还可以直接为构件添加边界条件。

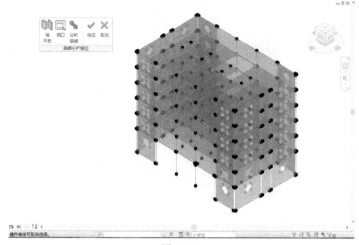

图 10-26

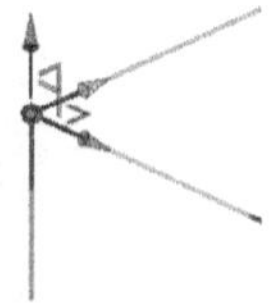

图 10-27

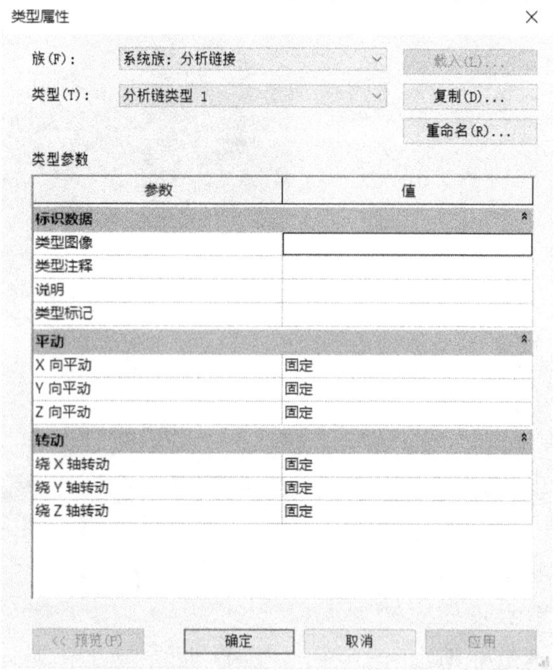

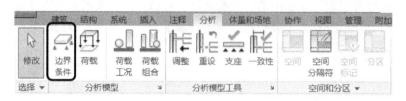

图 10-28

点击【分析】选项卡＞【分析模型】面板＞【边界条件】，见图10-29。进入放置边界条件模式，可以选择"点""线""面"三种方式放置边界。

本节以"点"的方式放置为例，在"属性"面板"结构分析"一栏中选择"状态"类型，即选择边界条件类型，见图10-30。然后在绘图区将鼠标移动到分析模型线的端点，此时分析模型线会高亮显示，点击即可添加边界条件，图10-31中所示为"固定"的情况。当选择为"用户"时，可分别对平动和转动6个参数设置不同的约束释放，见图10-32。

所添加的边界条件都会被传递到结构分析软件中。

图 10-29

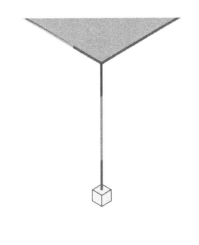

| 图 10-30 | 图 10-31 | 图 10-32 |

10.3 结构荷载

结构荷载命令 【分析】选项卡＞【分析模型】面板＞【荷载】(图 10-33)

快捷键：LD

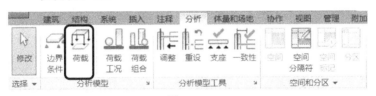

图 10-33

启动【荷载】命令，进入放置荷载模式，在【荷载】面板上可以选择要添加的荷载类型，包括点荷载、线荷载、面荷载、主体点荷载、主体线荷载和主体面荷载 6 种类型，见图 10-34。下文将分别介绍各类型的特性和应用技巧。

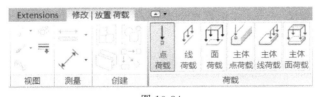

图 10-34

10.3.1 点荷载

点击【修改｜放置荷载】选项卡＞【荷载】面板＞【点荷载】。设置"属性"面板中的实例参数，见图10-35。在"属性"面板点击"编辑类型"，弹出"类型属性"对话框，见图10-36，可以修改或添加点荷载的表示符号，例如，力和力矩箭头符号形状、大小、显示比例等。

属性栏中参数说明如下。

① 荷载工况：用于指定要应用的荷载工况，可以在前面提到的"结构设置"中"荷载工况"板块添加。

② 性质：用于显示荷载工况类型，如恒荷载、活荷载等，此参数只读不可修改。

③ 定向到：选择要用来定向荷载的坐标系。包含"项目坐标系"和"工作平面"两个选项，项目指定项目的全局 xyz 坐标，工作平面指定当前工作平面的 xyz 坐标。

④ Fx、Fy、Fz：用于指定在 x 轴、y 轴和 z 轴方向上应用到点的力。

⑤ Mx、My、Mz：用于指定关于点的 x 轴、y 轴和 z 轴应用的扭矩。

⑥ 为反作用力：用于指定荷载为反作用力并成为"内部荷载"类别的一部分。

图 10-35

图 10-36

 注意

三个方向的力和力矩会被合成一个力和一个力矩在绘图区显示。

属性面板参数设置完成后，在项目浏览器中双击进入分析模型，在绘图区选择适当位置放置荷载。

主体点荷载和点荷载的参数设置基本相同，只是定位到的位置有所不同。点击【主体点荷载】命令，"状态栏"提示"拾取分析梁、支撑或柱的端点以创建点荷载"。主体点荷载需要附着在分析梁、支撑或柱等线形构件的端点上，而点荷载可以放置在任意位置，不需要附着在构件上。

10.3.2 线荷载

点击【修改 | 放置荷载】选项卡＞【荷载】面板＞【线荷载】，功能区出现【绘制】面

板。属性面板中的参数设置和线荷载大致相同，不同的是线荷载多了"均布负荷"和"投影荷载"两个参数。当勾选了"均布负荷"时，仅可输入起点力的大小和弯矩，当不勾选"均布负荷"时，可同时改变起点和终点的大小，二者的区别见图 10-37。

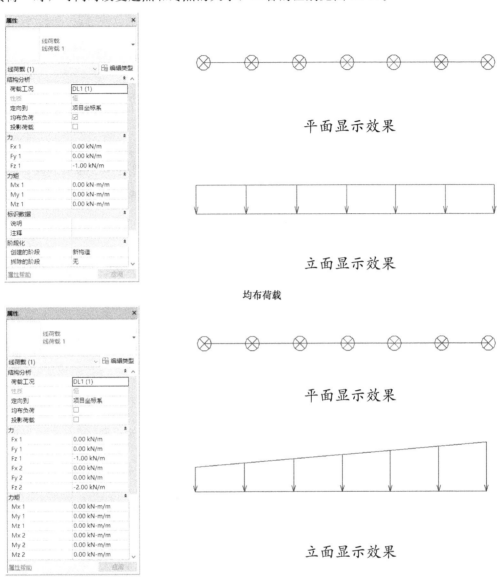

图 10-37

【主体线荷载】命令，输入荷载时需要选择附着线荷载的构件，通过拾取分析梁、支撑或柱或拾取分析墙、楼板或基础的边来创建线荷载。其他参数设置和普通线荷载相同，此处不再赘述。

10.3.3 面荷载

点击【修改│放置荷载】选项卡＞【荷载】面板＞【面荷载】，进入创建面荷载边界模式，在属性面板设置面荷载的参数，点击"编辑类型"，在"类型属性"对话框中可以设置面荷载的表示符号。

设置完成后，点击【修改│创建面荷载边界】选项卡＞【绘制】面板＞绘制工具，见图10-38，在绘图区绘制面荷载边界，点击"✔"完成绘制。在 Revit 中，不同性质的荷载颜色各不相同，例如，恒荷载用紫色表示，活荷载用橘黄色表示。

图 10-38

用户可以通过参照点来设置非均布面荷载，在创建完成荷载边界后，点击【修改│创建面荷载边界】选项卡＞【工具】面板＞【参照点】，将鼠标移动到边界线的顶点处，鼠标显示为，此时点击鼠标选中参照点，当选中第二个参照点时，属性栏中对应的 Fx 2、Fy 2、Fz 2 变为可编辑状态，第三个参照点同理。最多设置三个参照点，设置完成后点击"✔"，完成创建。

主体面荷载是将指定的荷载放置在选定的楼板或结构墙上，为均布荷载。点击【主体面荷载】命令，通过拾取分析楼板或墙来创建面荷载。

10.4　实例详解

(1) 添加分析模型平面
为没有分析模型平面的标高创建分析模型平面。

(2) 调整分析模型
对偏移的柱添加分析链接。选中分析柱，勾选属性栏中的"分析链接"，自动生成分析链接。在对物理模型进行调整时，可能会导致分析模型位置错误。设置分析链接后，分析模型会回到原有位置，并与其相连构件通过分析链接相连。见图10-39。

图 10-39

本例在剪力墙创建时，端点位于柱的轮廓线上，在端点处生成分析模型两侧的边界。而柱的分析模型位于柱的轴线。因此，剪力墙与柱的分析模型相分离，需要将二者连接起来。

进入"分析模型"视图，点击【分析】选项卡＞【分析模型工具】＞【调整】，快捷键AA。使用【墙平差】命令，先点击墙，之后点击目标图元，完成分析墙轮廓的调整。见图

10-40。从图中可以看出，墙上的洞口的尺寸随轮廓发生了变化。在 Revit 中，无法对分析墙上的洞口进行调整，本例中，在导入 Robot 后，使用 Robot 对洞口进行调整。

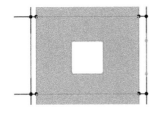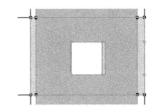

图 10-40

在进行【墙平差】的过程中，有些分析节点的位置会发生变化。拖动节点以调整节点至正确位置。

(3) 添加荷载并设置工况

添加梁间荷载，使用荷载命令中的"主体线荷载"，在属性面板中做如图 10-41 所示设置。之后点击需要添加荷载的分析梁放置荷载，见图 10-42。

图 10-41

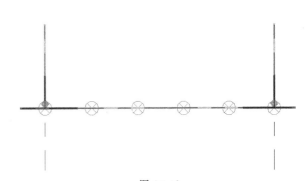

图 10-42

添加楼面荷载，使用荷载命令中的"主体面荷载"，在属性面板中做如图 10-43 所示设置。点击分析楼板放置荷载，见图 10-44。

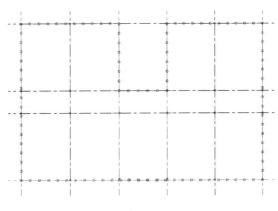

图 10-43

图 10-44

用户根据需要设置工况。

10.5 Revit 和 Robot Structure Analysis 之间的数据交互

在创建完物理模型和分析模型，完成对分析模型的调整并检查完毕后，可以将 Revit 模型导入到结构分析软件中进行结构分析，本书介绍 Revit 与 Robot Structural Analysis 的交互。

10.5.1 发送结构模型到 Robot

安装 Robot 后，点击【分析】选项卡＞【结构分析】面板＞【Robot Structural Analysis】，在下拉菜单中选择【Robot Structural Analysis 链接】，弹出"与 Robot Structural Analysis集成"对话框，见图 10-45。

图 10-45

"与 Robot Structural Analysis 集成的指导"中，选择发送模型。各选项的意义如下。

发送模型：将 Revit 模型发送到 Robot。

更新模型：在 Robot 中进行更改后，更新 Revit 模型。

更新模型和结果：在 Robot 中进行更改后，更新 Revit 模型和结果。

"集成类型"中，选项含义如下。

直接集成：将 Revit 模型直接发送到 Robot。

发送到中间文件（.smxx）：将 Revit 模型发送到扩展名为 .smxx 的文件中。该文件可使用 Robot 或 Revit 进行集成，发送和更新模型。

点击"发送选项"按钮，将打开"与 Robot Structural Analysis 集成-发送选项"对话框，见图 10-46。

"范围和校正"各选项的意义如下。

发送整个 Revit 项目：在链接过程中考虑整个结构模型（这是默认选项，用于避免导出无意中选中的构件）。

仅发送当前选择构件：在链接过程中仅考虑选定的构件。

若当前没有选定任何构件，范围与校正一栏为不可编辑状态。若当前选择了构件，则变

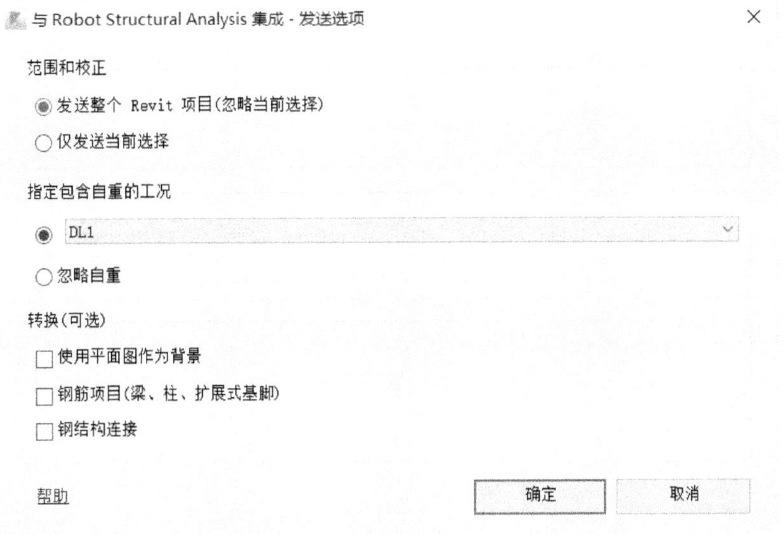

图 10-46

为可编辑状态。

"指定包含自重的工况"各选项意义如下。

选择第一项：在下拉菜单中选择荷载工况，Robot 中的结构自重将指定给此荷载工况。

忽略自重：在结构传输时忽略自重（计算后，自重会自动指定给第一个荷载工况）。

"转换（可选）"各选项意义如下。

使用平面图作为背景：在 Revit 中定义的平面视图将用作 Robot 中的背景。

钢筋项目（梁、柱、扩展式基脚）：在 Revit 中定义的钢筋将会传递到 Robot 中的混凝土设计模块。

钢结构连接：在 Revit 中定义的钢结构连接将会传递到 Robot 中的钢结构连接设计模块。

设置完成后，点击"与 Robot Structural Analysis 集成"对话框中的确定，进行发送，会出现"发送模型到 Robot Structural Analysis"窗口，显示出向 Robot 发送分析模型的进程。Robot 会自行启动。见图 10-47。

Revit 与 Robot 间各类数据，如轴网标高、梁、板、柱、墙、基础、门窗洞口、荷载工况、荷载组合、材料、边界条件等，都能有效传递。用户在 Robot 中，可以继续对分析模型进行编辑，添加构件、荷载、边界条件等。

💡 提示

使用发送到中间文件（.smxx）选项，可完成安装在不同计算机上的 Revit 和 Robot 之间的模型传递。将文件发送到 .smxx 文件后，使用 Revit 或 Robot，在集成对话框中，选择"从中间文件（.smxx）更新"，点击确定后，选择保存的 .smxx 文件，即可完成模型传递。

10.5.2 Robot 中结构分析与调整

关于 Robot 中结构分析的内容，本书仅做简单介绍。

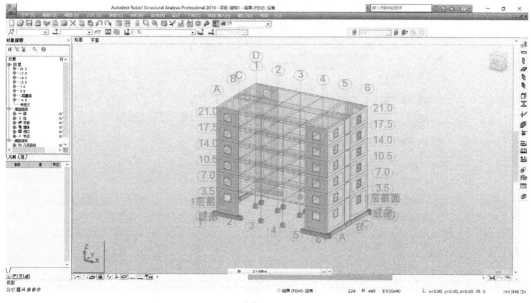

图 10-47

10.5.2.1　设置首选项

点击【工具】>【首选项】，弹出"首选项"对话框，见图 10-48。可以设置自动保存时间、显示效果等。

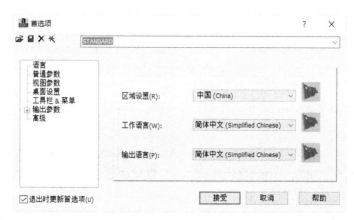

图 10-48

10.5.2.2　调整显示

用户可通过绘图区域左下角的【 ⬚⬚⬚⬚⬚⬚⬚⬚⬚⬚ 】面板，来控制对象的显示。用户将鼠标移动到按钮上，会显示出该按钮控制的对象。用户还可以通过在绘图区域点击右键，选择"显示"，在弹出的"显示"对话框中，设置需要显示的项目，见图 10-49。

用户通过绘图区域正下方的【 3D　　Z = -1.50 m - -1.5　▲ ▼ 】，可以设置标高与视图。

Revit 模型导入到 Robot 中，构件会被赋予到层，点击层面板中【结构层】按钮，如图 10-50，打开"层"对话框，不同层的构件用不同颜色显示出来，见图 10-51。检查层的划分

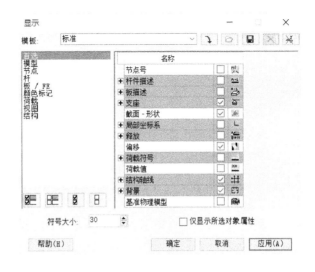

图 10-49

是否正确。点击左侧【过滤结构层】，中间的标高下拉菜单就被激活，只显示选中标高楼层的构件，其余层的构件不被显示。

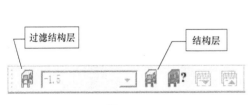

过滤结构层　　　　　　结构层

图 10-50

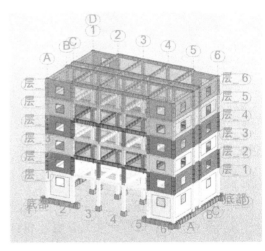

图 10-51

10.5.2.3　调整分析模型

Robot 中的调整只针对分析模型，可以方便地对分析模型进行调整。此处仍以之前的模型修改为例。选中对象后，在边缘处会出现三角形，可以对其进行拖动。也可以在移动鼠标出现轮廓时，使用键盘输入数值。注意 Robot 中数值的单位是 m。对墙上洞口的修改见图 10-52。

用户还可以通过选中洞口后，右键选择对象特性。在弹出的对话框中，对轮廓进行定义。

图 10-52

图 10-53

10.5.2.4 设置工程首选项

点击【工具】>【工作首选项选择】，弹出"工程首选项"对话框，见图 10-53。可以进行分析相关的设置，包括单位格式、材质、设计规范等。

10.5.2.5 设置分析类型

点击【分析】>【分析类型】，弹出"分析类型"对话框，见图 10-54。在对话框中可以看到，Revit 中定义的荷载工况及组合都被传递到 Robot 中。

点击"新建"，用户可以定义其他类型的分析，见图 10-55。

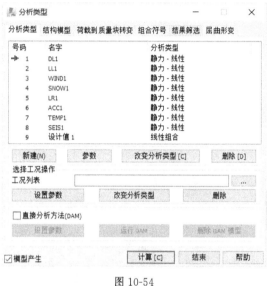
图 10-54

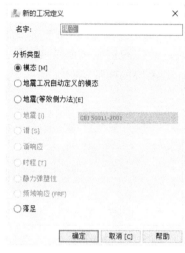
图 10-55

10.5.2.6 荷载组合

Robot 中，可以进行手动荷载组合和自动荷载组合，点击【荷载】，选择【手动组合】或【自动组合】进行设置。具体操作这里不作详细介绍。需要注意的是自动组合使用的规范是《建筑荷载规范》（GB 50009—2001）。

10.5.2.7 运行结构分析

点击功能区【计算】，见图 10-56。

图 10-56

屏幕上会弹出"Autodesk Robot Structural Analysis Professional-计算"对话框，见图 10-57，显示出计算的进程以及运算中的警告。计算完成后该对话框会自动关闭。

10.5.2.8 结构分析结果显示

Robot 中，可以方便地查看分析结果。本书选取几种结果进行演示。运算完成后，用户可以在功能区中，选择"结果"。本例以结果中的示意图为例。选择"结果"下的"结果-示

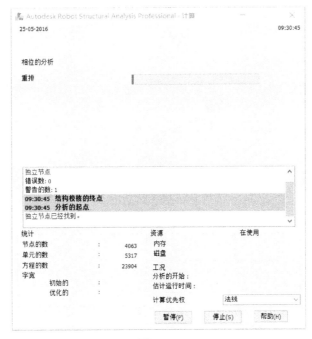

图 10-57

意图"，见图 10-58。在右侧会显示出示意图菜单。在 NTM 一栏中，选择需要显示的内力，在参数一栏中可以设置显示效果，见图 10-59 和图 10-60。

图 10-58

图 10-59

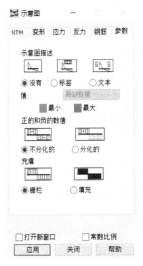

图 10-60

点击应用后，会显示出相应的内力图，见图10-61。

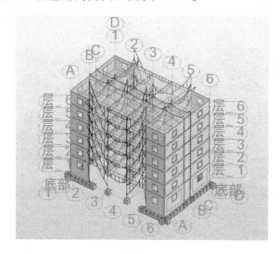

图 10-61

用户还可通过菜单栏中的【结果】以及绘图区域右侧的表来查看相应的结果，见图10-62和图10-63。

图 10-62

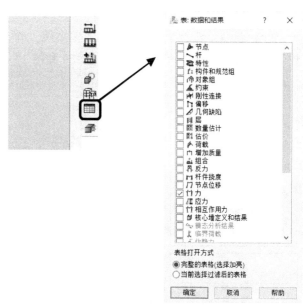

图 10-63

之后会以表格的形式显示计算结果，见图10-64。

如想查看单一构件的内力，可以右键点击该构件，在弹出的菜单中选择"对象特性"。以梁为例，在弹出的"杆件特性"对话框"NTM"一栏中，可以选择某一内力，在对话框上方会显示出相应的示意图，见图10-65。

10.5.2.9 添加构件更改截面

在设计的过程中，经常需要对模型进行更改。这里简单介绍使用Robot进行结构模型修改的方法。在Revit向Robot传递的过程中，构件的截面尺寸被传递。用户也可以在Robot中，定义截面。

图 10-64

以梁为例，点击绘图区域右侧的梁，见图 10-66。弹出"梁"对话框，点击截面右侧的 ⋯，弹出"新截面"对话框，用户可以进行选择材料、设置截面尺寸、完成新截面的定义。此处以定义"300mm×700mm"的截面为例，见图 10-67。注意此处单位是 cm。点击"添加"，完成创建。

在"梁"命令下，可以向模型中添加梁，点击鼠标选择梁的起点，再次点击鼠标选择梁的终点，即完成梁的添加，见图 10-68。Robot 中也可设置捕捉，点击【工具】>【捕捉】，设置需要捕捉的对象，方便用户添加构件。

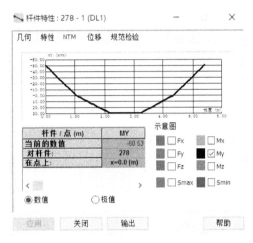

图 10-65

图 10-66

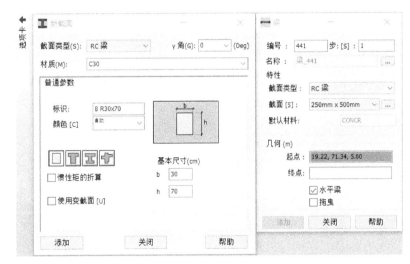

图 10-67

选中梁构件后，在用户界面的左下角，会显示出所选构件的相应属性，在这里，可以更改构件的截面。仍以梁为例，选中梁后，在左下角"杆"面板中，点击截面一栏，可以看到刚刚在 Robot 中创建的"300mm×700mm"截面，选择后即可完成界面的更改，见图10-69。

10.5.3 从 Robot 更新模型到 Revit

将 Robot 模型更新到 Revit 中，可以采用三种方法。

（1）使用 Robot 发送模型到 Revit，在 Robot 中点击【插入-添加】>【集成】>【Autodesk Revit Structure】，打开"集成 Revit Structure"对话框，见图 10-70。具体的设置方法同前，进行相应的设置后，点击确定进行模型的发送。

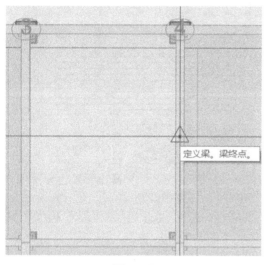

图 10-68

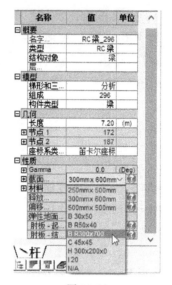

图 10-69

图 10-70

（2）使用 Revit 更新模型，在 Revit 中点击【分析】选项卡>【结构分析】面板>【Robot Structural Analysis】，在下拉菜单中选择【Robot Structural Analysis 链接】，打开"与 Robot Structural Analysis 集成"对话框，在对话框中选择"更新模型"，点击"更新选项"，打开"与 Robot Structural Analysis 集成-更新选项"对话框，可对各选项进行设置，见图 10-71。选项意义同发送选项中基本相同，此处不再详细说明。

（3）使用中间文件更新模型

在 Robot 中，在"集成 Revit Structure"对话框中选择"发送模型""发送到中间文件（.smxx）"，设置发送选项后，完成发送。

之后打开 Revit，在"与 Robot Structural Analysis 集成"对话框中选择"更新模型""从中间文件（.smxx）中更新"。

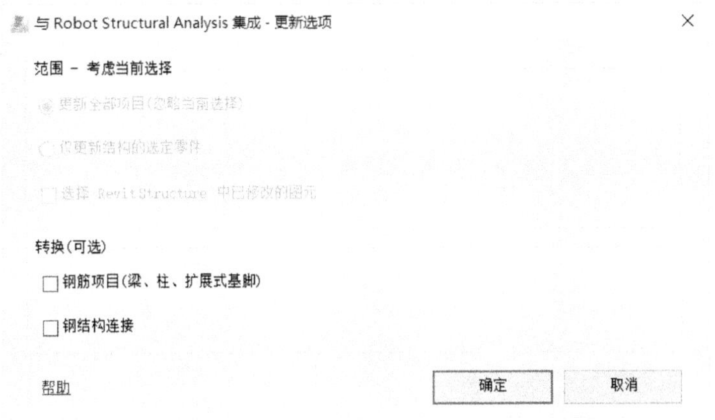

图 10-71

第 11 章

图纸设计与处理

本章要点 》》》

- 标题栏族的组成与创建
- 图纸、视图添加与调整
- 施工图的创建
- 图纸变更
- 图纸打印和导出

11.1 图纸设计

11.1.1 标题栏族的创建

标题栏族文件作为图纸的样板，定义了图纸幅面和图纸标签。图纸标签包含标题栏、会签栏和修订明细表（图纸修订信息）。用户可以通过程序自带的标题栏样板文件创建标题栏族。也可以在程序自带的标题栏基础上进行修改，这样可以节省大量时间。本教程推荐采用第二种方法，以程序自带的标题栏为例，说明图纸各部分组成。

点击【应用程序菜单】＞【打开】＞【族】，在标题栏文件夹下，选择"A2 公制"。图纸中线框、会签栏、标题栏等，都已创建完毕，见图 11-1。

图 11-1

（1）线。点击【管理】选项卡＞【设置】面板＞【对象样式】，为不同的线型设置线宽，见图 11-2。为线设置不同的子类别，见图 11-3。如需在图纸中添加线，点击【创建】选项卡＞【详图】面板＞【直线】，快捷键 LI，见图 11-4。

对象样式

注释对象

类别	线宽 投影	线颜色	线型图案
参照平面	1	RGB 000-127-	划线
参照线	1	RGB 000-127-	
图框	1	黑色	
中粗线	1	黑色	
宽线	5	黑色	实线
细线	1	黑色	实线
常规注释	1	黑色	

图 11-2

图 11-3

图 11-4

（2）文字。在图纸的会签栏处，文字以组的形式存在，见图 11-5。选中该组后，通过点击【修改|详图组】选项卡＞【成组】面板＞【解组】，将组分解为各个图元。

图中左侧一列，使用文字添加。在图纸中添加了以左侧项目命名的实例参数，见图 11-6。更改参数值，右侧的内容发生改变。添加文字，点击【创建】选项卡＞【文字】面板＞【文字】，见图 11-7，进入放置文字模式，在绘图区需要添加文字的区域添加文字。添加完成后可在功能区【格式】面板对文字的对齐进行修改。

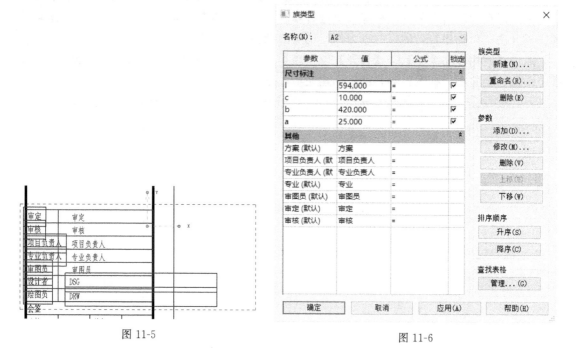

图 11-5

图 11-6

图 11-7

图 11-5 右侧一列中如"项目负责人"，采用了注释的形式，即使用了注释符号族。打开项目浏览器，便可以看到所添加的注释符号，见图 11-8。选择其中一个注释族，右键点击编辑，在族编辑器中打开该族，族编辑器中效果如图 11-9。

族中"项目负责人"文字，使用标签添加，并与族中参数组合在一起。标签的添加方法，点击【文字】面板＞【标签】，见图 11-10。

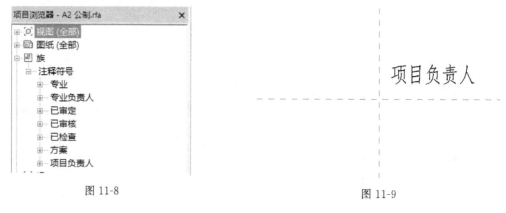

图 11-8

图 11-9

在【格式】面板中选择需要的文字对齐方式。在绘图区域点击鼠标选择标签的放置位置，会弹出"编辑标签"对话框，可与族中的参数相关联，见图 11-11 和图 11-12。点击 🖵 按钮，可将参数添加到标签中。

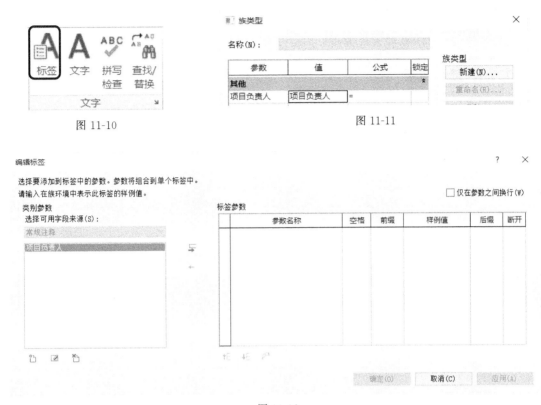

图 11-10

图 11-11

图 11-12

选中标签后，点击属性面板"编辑类型"，可以设置标签文字的字体。载入添加到项目后，点击标签属性面板中的"编辑类型"，将注释符号族中的类型参数与图纸中相应的实例参数相关联，见图 11-13。

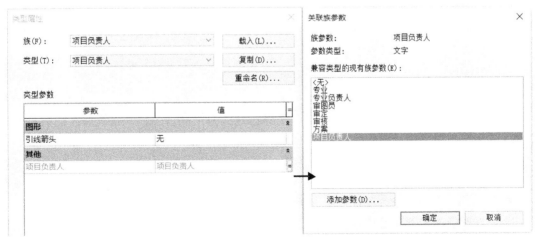

图 11-13

如在程序自带的标题栏基础上新建图纸，就可以直接利用现有的注释符号，直接进行更改或是另存为新的注释符号进行添加。

另一种实现参数与文字内容相关联的方法是在标题栏族中直接添加标签。使用该方法，会遇到创建标签时左侧的参数中没有所需参数的情况。需要新建共享参数，完成标签创建。将图纸添加到项目后，项目中没有创建的共享参数，需要将参数添加至项目中。创建并在项目中添加共享参数的方法在本章创建平法标注的一节中会提到，用户可以参照。

11.1.2 新建图纸

新建图纸命令 【视图】选项卡＞【图纸组合】面板＞【图纸】(图 11-14)
或者在项目浏览器中右击"图纸"，在弹出的菜单中选择"新建图纸"，见图 11-15。

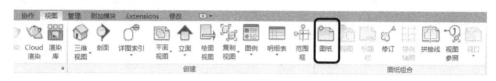

图 11-14

打开"新建图纸"对话框，见图 11-16，选择合适的标题栏，默认情况下，对话框中只有"A1 公制"和"无"两个选项，点击右侧"载入"按钮，用户可以自行载入标题栏族文件到项目中。

图 11-15

图 11-16

本节以程序自带的"A2-公制"为例。选择标题栏为"A2-公制"，确认后绘图区显示出图纸。在项目浏览器中"图纸"一栏下自动添加了一张未命名的图纸。

此时用户可以对图纸上的信息进行编辑。方法有三种。

(1) 点击【管理】选项卡＞【设置】面板＞【项目信息】，见图 11-17，打开"项目属性对话框"，见图 11-18，修改项目信息，确认后，图纸标题栏中项目信息会自动更新。

(2) 在图纸的实例属性中进行编辑。选中标题栏，在"属性"面板中设置图纸会签信息，如图纸名称、绘图员、审图员、审核者等，见图 11-19。

(3) 点击相关条目直接在图纸上输入相关信息，见图 11-20。将光标移动到需要编辑的地方，当光标显示为箭头时，点击即可输入。

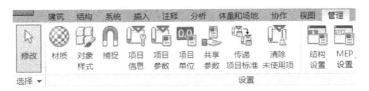

图 11-17

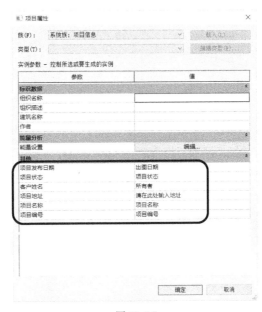

图 11-18

图 11-19

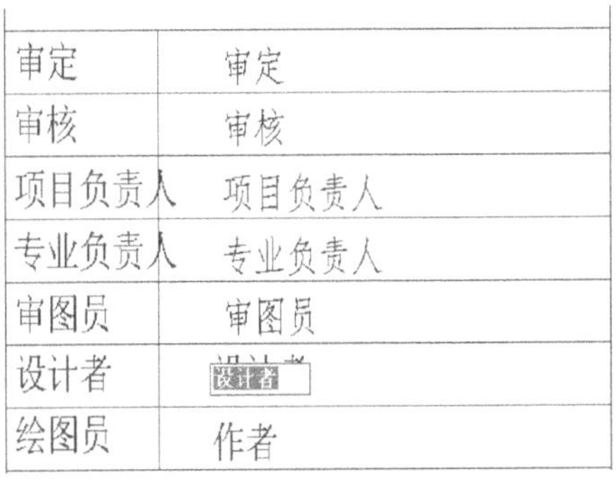

审定	审定
审核	审核
项目负责人	项目负责人
专业负责人	专业负责人
审图员	审图员
设计者	设计者
绘图员	作者

图 11-20

11.1.3　视图

11.1.3.1　添加视图

双击打开项目浏览器中新建的图纸，直接将所需要的视图拖动到图纸中，见图 11-21。
或点击【视图】选项卡＞【图纸组合】面板＞【视图】，见图 11-22，打开视图对话框，见

图 11-23，选择需要添加的视图，点击"在图纸中添加视图"，即可在图纸中放置该视图。

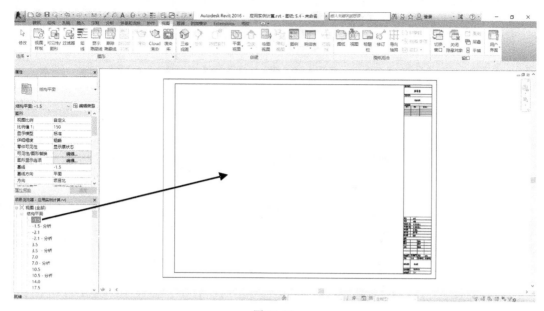

图 11-21

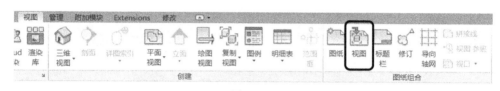

图 11-22

图 11-23

视图放置在图纸上，称为视口。视口中的显示内容与添加的视图显示内容一致，且随着视图的改变而改变，如在视图中隐藏某一构件，视口中该构件也隐藏。

每添加一个视图，系统会自动为该视图添加一个视图标题，视图标题包含视图名称、缩放比例和编号信息等，见图 11-24。

在视口的"属性"面板中，可以定义视口的相关属性，如视图名称、视图标题、默认视图样板、剪裁区域等。点击"编辑类型"，可以关闭标题与延伸线的显示。

 提示

点击选中视口，可以拖动蓝色小圆点调整文字底线长度，修改视图名称和视图编号等。

11.1.3.2 复制视图

一张图纸可以添加多个视图，但是每个视图只能添加到一张图纸上。可以在"项目浏览器"中右击该视图，在弹出的菜单中选择"复制视图" > "带细节复制"，或进入需要复制

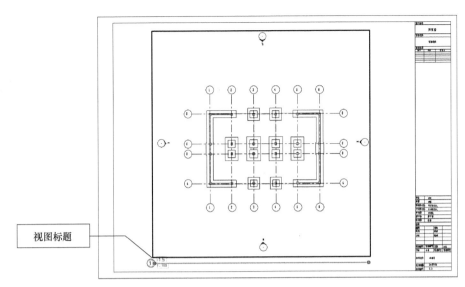

视图标题

图 11-24

的视图后，点击【视图】选项卡＞【创建】面板＞【复制视图】下拉菜单＞【带细节复制】，即可创建视图副本，将副本布置于图纸中。

💡 提示

"复制视图""带细节复制""复制作为相关"三个选项，对于二维视图，均可选择，对于三维视图，只可以选择"复制视图"和"带细节复制"两种。下面介绍这三个命令的含义。

复制视图：用于创建一个包含当前视图中模型几何图形的视图。

带细节复制：用于创建一个包含当前视图中模型几何图形和视图专有图元的视图。视图专有图元包括注释、尺寸标注、详图构件、详图线、重复详图以及绘图区域。

复制作为相关：用于创建与原始视图相关的视图。原始视图及其副本始终同步，在其中一个视图中所做的修改将自动出现在另一个视图中。

11.1.3.3 编辑视图

(1) 激活视图

选中视口，点击【修改 | 视口】选项卡＞【视口】面板＞【激活视图】，见图 11-25，进入视图窗口编辑视图，如尺寸标注、添加文字等。在视口中进行的编辑，也会反映到其所对应的视图中。点击【视图】选项卡＞【图纸组合】面板＞【视口】下拉菜单＞【取消激活视图】即可退出，见图 11-26。

💡 提示

点击选中视口双击即可进入激活模式，再次双击即可退出激活模式。

(2) 对齐视图

使用导向轴网辅助对齐，点击【视图】选项卡＞【图纸组合】面板＞【导向轴网】，见图 11-27。

打开"指定导向轴网"对话框，点击"创建新轴网"，输入名称如"导向轴网 1"，点击"确认"，见图 11-28，图纸上便会出现蓝色网格，可根据网格对视图进行定位。

图 11-25

图 11-26

完成视图布置后,可以取消网格对齐功能。在图纸"属性"面板中,选择"其他"一栏中"导向轴网"为"<无>",见图 11-29。

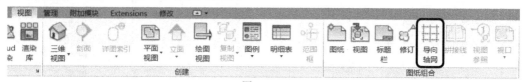

图 11-27

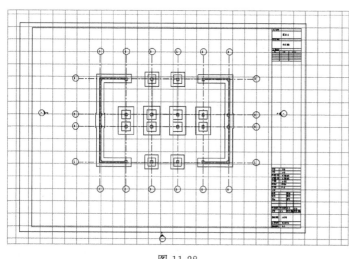

图 11-28

图 11-29

用户也可直接拖动视图对齐,当图纸中有两个或以上的视图时,拖动其中一个视图,当两个视图中心水平或垂直对齐时,会显示一条水平或垂直的虚线。

(3) 拆分视图

当项目较大时,可以将某一视图分割为多个部分,布置于不同的图纸上。下面以"−1.5"视图为例,介绍拆分视图功能。

复制"−1.5"视图,选择"复制作为相关"。分别重命名为"−1.5-左"和"−1.5-右",见图 11-30。

图 11-30

添加拼接线。在"－1.5"视图中,点击【视图】选项卡＞【图纸组合】面板＞【拼接线】,在绘图区绘制拼接线,明确拆分位置,见图 11-31。其他的视图中也被添加了拼接线。

裁剪视图。在"－1.5 -左"相关视图中,点击选中视口,拖动蓝色圆点裁剪视图,调整裁剪区域至拼接线,或者点击【修改｜结构平面】选项卡＞【裁剪】面板＞【尺寸裁剪】也可以进行裁剪,见图 11-32。在"－1.5 -右"相关视图中则裁剪成另一半。

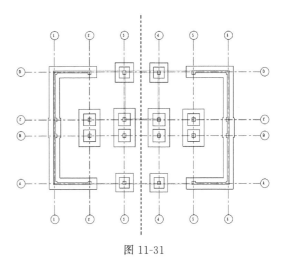

图 11-31

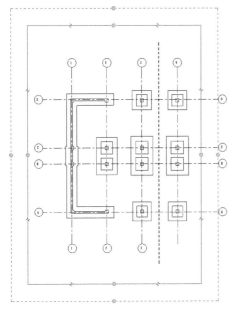

图 11-32

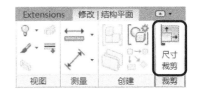

将拆分后的两个相关视图分别添加到不同的图纸上。

(4) 锁定视图

点击选中视口,然后点击【修改｜视口】选项卡＞【修改】面板＞【锁定 ⊡】,可以锁定视口在图纸中的位置。

11.1.4 外部信息

在图纸上可能还会包含一些外部信息,如外部文字、图像和电子表格等。

(1) 外部文字

点击【注释】选项卡＞【文字】面板＞【文字】,在绘图区点击放置文字的插入点,直接输入文字,或者使用"Ctrl＋V"将外部文字粘贴到图纸上。该功能可以用于编辑设计说明。

（2）图像

点击【插入】选项卡＞【导入】面板＞【图像】，见图 11-33，打开"导入图像"对话框，选择需要的图片，点击"打开"，在绘图区放置插入的图片。

图 11-33

（3）电子表格

如果需要插入外部表格，可以使用屏幕捕捉工具捕捉所需要显示的表格，将图像保存为位图文件、JPEG 文件、便携网络图形或者 TIFF 文件，使用图片插入功能插入到图纸上。

11.1.5　明细表

Revit 中提供了多种明细表，包含明细表/数量、图形柱明细表、材质提取、图纸列表、注释块和视图列表。一张明细表可以布置于多张图纸上，可以在图纸中对明细表进行添加、设置、拆分、连接等操作。

图纸列表作为项目中所有图纸的明细表，又称为图纸索引，可以方便地管理图纸。本节以"图纸列表"为例创建明细表。

（1）创建图纸列表

点击【视图】选项卡＞【创建】面板＞【明细表】下拉菜单＞【图纸列表】，见图11-34。

打开"图纸列表属性"对话框，见图 11-35，在左侧"可用的字段"一栏选择需要的字段添加到右侧"明细表字段"中，也可以点击"添加参数"添加其他字段。完成后点击"确定"可以看到绘图区显示的图纸列表，见图 11-36。

图 11-34　　　　　　　　　　　　　　　　图 11-35

<图纸列表>

A	B	C	D	E	F	G
图纸编号	图纸名称	设计者	绘图员	审核者	当前修订说	图纸发布日
S.3	未命名	设计者	作者	审核者		04/25/16
S.4	未命名	设计者	作者	审核者		04/25/16
S.5	未命名	设计者	作者	审核者		04/25/16
S.6	未命名	设计者	作者	审核者		04/25/16
S.7	未命名	设计者	作者	审核者		04/25/16

图 11-36

💡 **提示**

　　图纸列表只能识别在 Revit 中创建的图纸，如果需要包含外部图纸，可以点击【修改明细表/数量】选项卡＞【行】面板＞【插入数据行】，添加外部图纸编号、名称等信息，见图11-37。

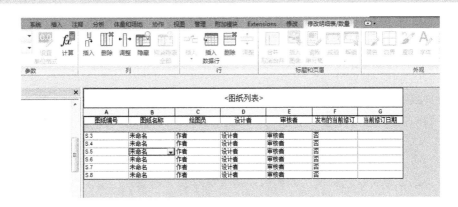

图 11-37

(2) 布置图纸列表

布置图纸列表的方法和向图纸中添加视图的方法相同，见 11.1.3 节。

💡 **提示**

　　在一张图纸中可以多次插入同一个明细表，这是和其他视图的区别。

(3) 编辑图纸列表

　　① 拆分图纸列表。在图纸上选中需要拆分的图纸列表，点击图纸列表右侧边界中部位置出现的折断符号，即可将图纸列表拆分为两段，见图11-38。

图纸列表 3				
图纸名称	图纸编号	图纸发布日期	审图员	审核者
未命名	S.3	04/27/16	审图员	审核者
未命名	S.4	05/26/16	审图员	审核者
未命名	S.5	05/26/16	审图员	审核者
未命名	S.6	05/26/16	审图员	审核者

图纸列表 3				
图纸名称	图纸编号	图纸发布日期	审图员	审核者
未命名	S.7	05/26/16	审图员	审核者
未命名	S.8	05/26/16	审图员	审核者
未命名	S.9	05/26/16	审图员	审核者

图 11-38

不能跨图纸拆分明细表，不能把明细表分段布置于另一张图纸上，也不能从明细表中删除明细表分段。

② 连接拆分的图纸列表。选中要连接的分段，拖动分段左上角移动符号至前一分段移动符号 ✛ 处。

11.2 梁柱平法施工图

11.2.1 钢筋字体

Revit 中仅使用 Microsoft Windows 字库文件，尚不支持 .shx 等字库显示，导致钢筋符号无法显示，所以需要安装钢筋字体。用户可以从网上下载字库文件 Revit_CHSRebar.ttf，字体名称为 Revit。将其复制到本机目录 C：\WINDOWS\Fonts 下。

在编辑环境中输入字体为"Revit"的情况下，键盘输入符号和钢筋符号的对照如下。

\$——HPB300，显示为Φ

%——HRB335，显示为Φ

&——HRB400，显示为Φ

♯——HRB500，显示为Φ

11.2.2 创建共享参数

为实现混凝土梁板柱结构施工图的钢筋信息标注，采用共享参数的方法标注，本节以柱为例创建共享参数文件。

(1) 点击【管理】选项卡＞【设置】面板＞【共享参数】，见图 11-39。打开"编辑共享参数"对话框，创建一个名为"结构柱共享参数 .txt"文件，见图 11-40。

图 11-39

(2) 新建组，取名为"结构柱参数"。

(3) 新建参数，名称、规程和参数类型如表 11-1。

表 11-1

名称	规程	参数类型
类型名称	公共	文字
b	公共	长度
h	公共	长度
纵筋等级	公共	文字
纵筋直径	公共	长度
箍筋等级	公共	文字
箍筋直径	公共	长度
箍筋间距	公共	文字

（4）新建完成后见图 11-41，点击"确定"，系统即自动生成一个 TXT 文件。

图 11-40   图 11-41

11.2.3 创建注释族

本节以结构柱的注释族为例进行介绍。

（1）新建族。点击【应用程序菜单】＞【新建】下拉菜单＞【族】，选择"公制常规注释"族样板文件。点击【创建】选项卡＞【属性】面板＞【族类别和族参数 🗒️】，选择"族类别"为"结构柱标记"，"族参数"中勾选"随构件旋转"，见图 11-42。

（2）放置标签。删除绘图区的注意事项，点击【创建】选项卡＞【文字】面板＞【标签】，进入放置标签模式，在【格式】面板选择标签格式为"左对齐"和"正中"，然后点击"属性"面板"编辑类型"，打开"类型属性"对话框，点击"文字"一栏"文字字体"右侧下拉菜单，选择"Revit"字体，见图 11-43。根据需要调整文字大小与宽度系数。

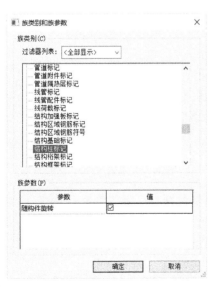

图 11-42

图 11-43

在参照平面交点处点击放置标签，弹出"编辑标签"对话框，见图 11-44。

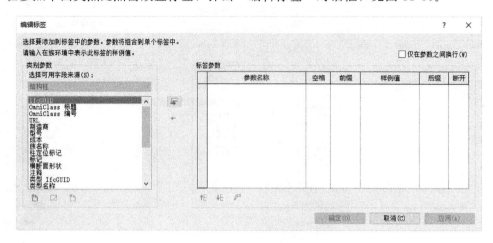

图 11-44

（3）编辑标签。在"编辑标签"对话框"类别参数"一栏中点击左下角的"添加参数 "，弹出"参数属性"对话框。点击"参数类型"一栏中的"选择"，弹出"共享参数"对话框。把之前创建的共享参数添加到"标签参数"一栏中。例如，在共享参数中选择参数"b"，点击"确定"返回至"参数属性"对话框，再点击"确认"返回至"编辑标签"对话框，见图 11-45。

点击 即可将参数"b"添加到"标签参数"一栏中，见图 11-46。

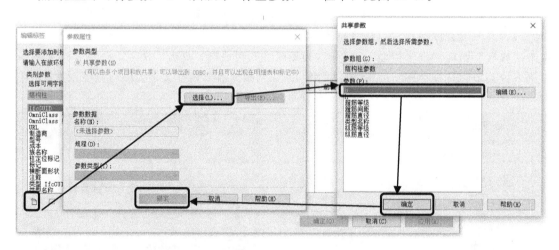

图 11-45

全部添加完毕后，在"标签参数"一栏中进行相关设置。点击"确定"，绘图区显示标签见图 11-47。至此，结构柱的注释族创建完成，保存文件为"结构柱标记"。

> **注意**
>
> "标签参数"一栏中的参数排序顺序和其他设置都会影响到绘图区的标签显示。

图 11-46

图 11-47

11.2.4　梁柱平法施工图

本节以结构柱的平法施工图为例，介绍基于项目参数实现的标注方法。将创建好的标注族载入到项目中。

使用共享参数添加的标签参数后，需要先将共享参数的 TXT 文件添加到项目中。

（1）打开一个需要标注钢筋信息的项目。在项目中点击【管理】选项卡＞【设置】面板＞【项目参数】，弹出项目参数对话框，见图 11-48。

（2）点击"添加"，打开"参数属性"对话框，选择"共享参数"，点击"选择"，弹出"共享参数"对话框，见图 11-49。可以看到族中的共享参数随族一并载入到项目中。

选中需要的参数，点击确认，回到"参数属性"对话框。

在"参数属性"对话框中将"参数分组"选择"其他"，选择"实例参数"，类别选择"结构柱"，见图 11-50。

（3）采用同样的方式，将其他需要的共享参数添加到项目中作为"结构柱"的项目参数。完成后，"项目参数"对话框中会显示出所添加的参数，见图 11-51。此时查看结构柱的属性，可以看到为结构柱添加的参数已显示在柱的"属性"面板中，见图 11-52。

图 11-48

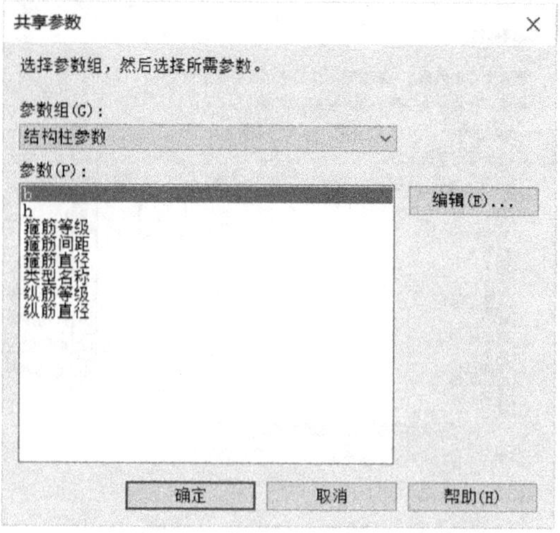

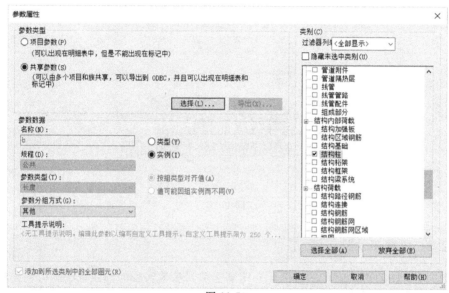

图 11-49

图 11-50

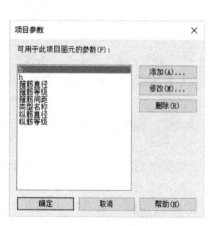

图 11-51

图 11-52

BIM 结构——Autodesk Revit Structure 在土木工程中的应用

（4）在结构柱"属性"面板中，为柱的参数赋值。

（5）从"项目浏览器"中拖动该注释族到添加的结构柱上，即可实现对柱的平法标注，见图11-53。

（6）点击选中结构柱标记，再次点击，可修改标记中的参数值，见图11-54。

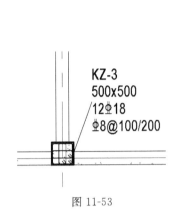

图 11-53

更改参数值

参数名称	空格	前缀	值	后缀	断开
类型名称	1		KZ-3		☑
b	1		500.0	*	
h	0		500.0		☑
纵筋等级	1	12	&		
纵筋直径	0		18.0		☑
箍筋等级	1		&		
箍筋直径	0		8.0		
箍筋间距	0	@	100/200		

确定　　取消

图 11-54

11.3 图纸变更

当设计变更后，可以使用修订功能，在图纸上追踪修改信息并检查修订的时间、原因和操作者。在图纸上追踪修订的流程如下。

（1）设置修订信息：添加项目的修订信息，如修订说明、时间等。

（2）添加云线题注：绘制云线批注标识修改区域，将云线指定到某一"修订"并添加云线进行标记来识别指定修订。

本节按照上述顺序进行介绍。

11.3.1 修订信息

在图纸追踪设计修订，首先要添加修订信息。点击【视图】选项卡＞【图纸组合】面板＞【修订】，见图11-55，打开"图纸发布/修订"对话框，见图11-56，编辑添加修订信息。

图 11-55

添加修订信息，点击"添加"，对新出现的修订信息进行编辑。

① 序列：每添加一个修订，自动增加一个序列，修订根据序列号进行排序。

② 编号：提供三种编号选项，包含"数字""字母数字"和"无"。如果选择"数字"，指定到该修订的云线将使用数字进行标记；如果选择"字母数字"，指定到该修订的云线将使用字母进行标记；如果选择"无"，指定到该修订的云线的标记为空。

图 11-56

③ 日期：进行修订的日期。

④ 说明：在图纸修订明细表中显示的修订说明，一般为修订的关键内容，可方便检查修订。

⑤ 已发布/发布到/发布者：可输入发布到和发布者信息，并勾选"已发布"选项。勾选"已发布"选项后，无法对修订信息做进一步修改。如果在发布修订之后必须修改任何修订信息，需取消勾选"已发布"，再进行修改。

⑥ 显示：提供三种显示方式。"无"表示不显示云线批注和修订标记；"标记"表示显示修订标记但不显示云线；"云线和标记"表示显示云线批注和修订标记。

(1) 编号

在"图纸发布/修订"对话框中，提供两种不同的编号方式，按"每个项目"和按"每张图纸"。

在项目中输入具体信息前，需要先明确使用何种编号方式，因为切换"编号"方式可能会修改所有云线批注的修订编号，见图 11-57。

(2) 修订合并

当有多条修订信息时，可以使用"向上合并"或"向下合并"命令合并修订信息。通过修订合并可以删除被合并的修订信息。例如，选择"序列 2"的"修订 2"向上合并，将删除"序列 2"。使用上移、下移命令可以调整修订顺序。

(3) 字母排序和数字排序

当修订编号选择"字母数字"时，可以使用"字母序列"指定修订标记显示的字母次序，点击"编号选项"一栏中的"字母数字"，打开"自定义序列选项"对话框，见图 11-58，定义字母排序显示规则。此外还可以输入附加字符以与序列中每个值一起显示。

当修订编号选择"数字"时，点击"编号选项"一栏中的"数字"，可以修改序列起始数字编号。

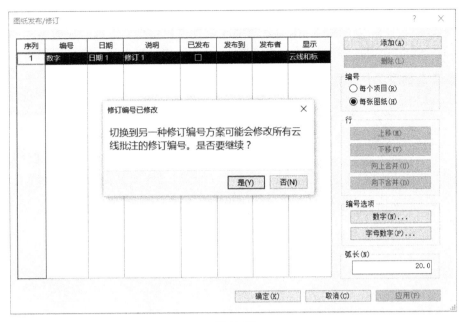

图 11-57

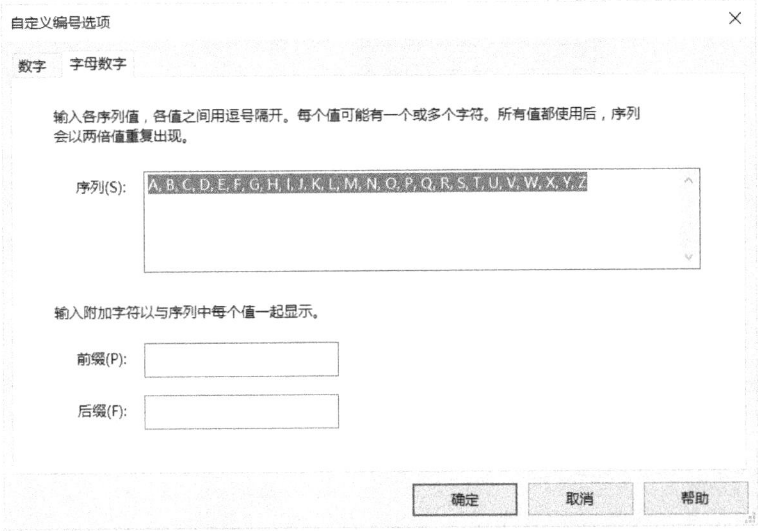

图 11-58

> ⓘ **注意**

　　字母排序只在编号方式选择"字母数字"时起作用。序列不可以包含空格、数字或者重复的字符。

11.3.2　云线批注

　　设计修改后，通过为修改区域添加云线批注标记，以及为云线批注指定"11.3.1 节修订信息"中添加的修订，可以将修订信息自动反映在图纸标签的修订明细表中。

11.3.2.1 添加云线批注

设计修改后，在修改的区域内添加云线批注进行标识，视图 a 所对应的图纸 A 会自动显示添加的云线批注。除三维视图外，所有视图均可添加云线批注，如果在图纸 A 中为视图 a 的修改添加云线批注，那么该云线批注仅在图纸 A 上显示，不会更新到相应视图 a 中。本节以在视图中添加云线为例，介绍添加云线批注。

图 11-59

（1）绘制云线。点击【注释】选项卡＞【详图】面板＞【云线批注】，见图 11-59。在视图绘图区为修改部分添加云线批注，见图 11-60。绘制完成后，点击【✔】完成云线批注。

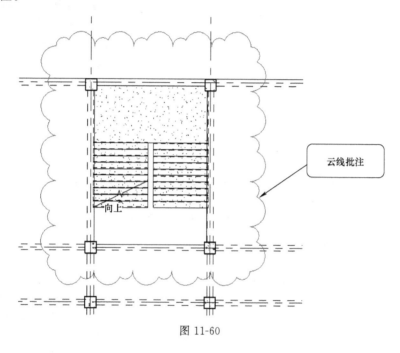

图 11-60

💡 提示

添加云线批注时，若视图内所有修订均已被发布，则不能再添加新的云线批注，否则系统会发出警告，见图 11-61。同时，已添加的云线批注也不能再进行修改。

（2）指定修订。选中云线批注，在"属性"面板中为该云线批注选择相应的修订，见图 11-62。

⊘ 注意

不同的云线批注可以使用相同的修订。

11.3.2.2 添加云线批注标记

点击【注释】选项卡＞【标记】面板＞【按类别标记】，见图 11-63。在绘图区点击选中云线批注即可为云线批注添加标记，见图 11-64。点击选中要调整的标记，拖动标记上的符号调整标记位置及其引线。

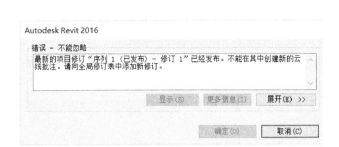

图 11-61

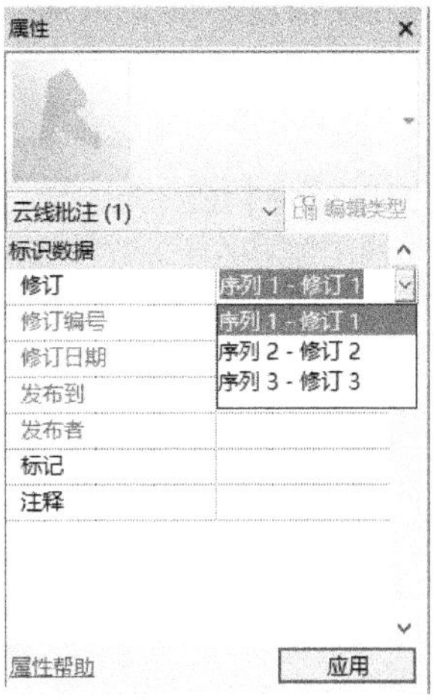

图 11-62

图 11-63

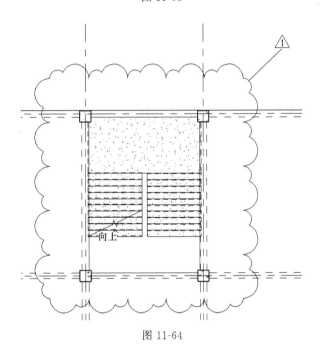

图 11-64

11.3.2.3 编辑云线批注

（1）云线批注边界。点击选中云线批注，然后点击【修改｜云线批注】＞【模式】＞【编辑草图】，见图 11-65。在绘图区拖动线段端点或者使用绘制工具调整边界，点击【✔】完成编辑。

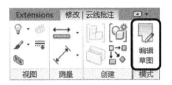

图 11-65

（2）云线批注样式。可通过"对象样式"中"注释对象"板块设置云线的样式，如线型、颜色等。

11.4 图纸打印

11.4.1 打印

图纸打印的线宽将直接使用项目视图中的线宽设置，创建图纸之后，可以直接打印出图。图纸打印步骤如下。

（1）点击【应用程序菜单】＞【打印】菜单中的【打印】弹出"打印"对话框，见图 11-66。

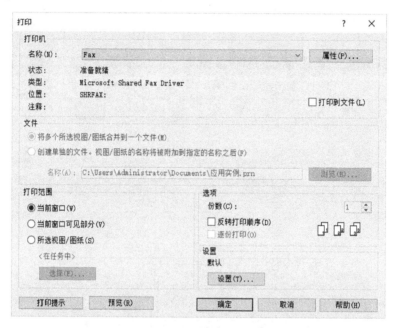

图 11-66

（2）点击"打印机"一栏中"名称"后下拉箭头，选择可用的打印机名称。

（3）点击"名称"后面的"属性"按钮，打开属性对话框，见图 11-67，选择不同的打印机会显示不同的属性对话框。根据需要用户可以选择"纸张大小""图像质量"和"方向"，点击"确定"，返回"打印"对话框。

（4）在"打印范围"一栏中点击选择"所选视图/图纸"，然后点击下面的"选择"按钮，打开"视图/图纸集"对话框，见图 11-68。勾选"显示"一栏中的"图纸"，取消勾选"视图"，对话框中将只显示所有图纸。勾选需要打印的图纸，点击"确认"回到"打印"对话框。

（5）点击"确认"按钮，即可打印图纸。

11.4.2 图纸导出

Revit 中所有视图及图纸等都可以导出为 DWG 格式图形，而且导出后的图层、线型、颜色等可以根据需要在 Revit 中进行设置。

图 11-67 图 11-68

图纸导出步骤如下。

(1) 双击打开"项目浏览器"中需要导出的视图或图纸，点击【应用程序菜单】＞【导出】下拉菜单＞【CAD 格式】下拉菜单＞【DWG】，见图 11-69。打开"DWG 导出"对话框，见图 11-70。也可以在"选择要导出的视图和图纸"一栏"导出"后面下拉箭头中可以选择需要导出的视图或图纸。

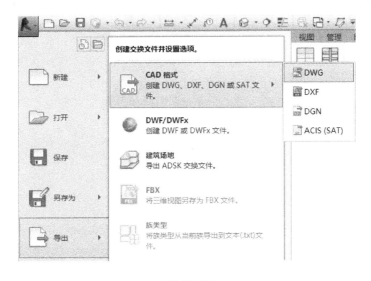

图 11-69

(2) 点击"选择导出设置"一栏"＜任务中的导出设置＞"后面的 [...]，打开"修改 DWG/DXF 导出设置"对话框，见图 11-71，可以修改导出后的图纸。点击"确认"回到"DWG 导出"对话框。

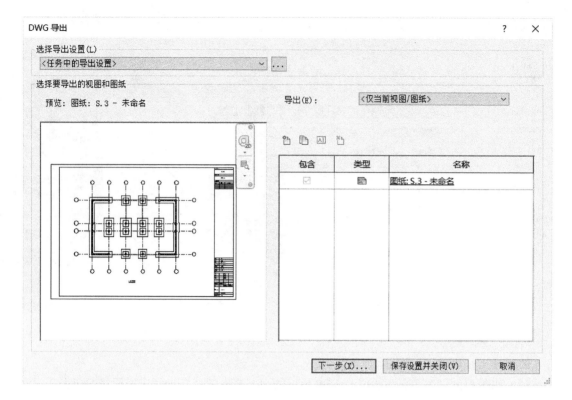

图 11-70

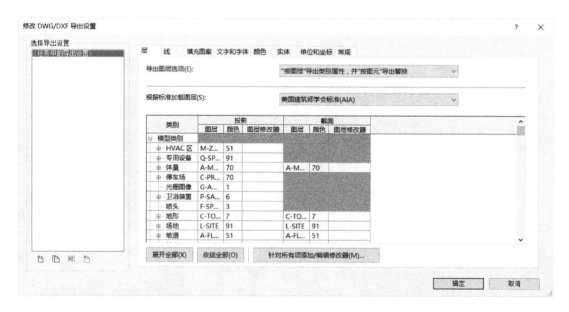

图 11-71

（3）点击"下一步"，弹出"导出 CAD 格式-保存到目标文件夹"对话框，见图 11-72。选择保存路径，在"文件名/前缀"后输入文件名称，选择"文件类型"为相应 CAD 格式文件的版本，点击"确认"，完成 DWG 文件导出设置。

图 11-72

参 考 文 献

［1］ 欧特克软件（中国）有限公司构件开发组. Autodesk® Revit® Struture 2012 应用宝典. 上海：同济大学出版社，2012.

［2］ 欧特克软件（中国）有限公司构件开发组. Autodesk® Revit® Struture 2012 族达人速成. 上海：同济大学出版社，2012.

［3］ 黄亚斌，徐钦. Autodesk Revit Structure 实例详解. 北京：中国水利水电出版社，2013.

［4］ 黄亚斌，徐钦. Autodesk Revit Structure 族详解. 北京：中国水利水电出版社，2013.

［5］ 柏慕进业. Autodesk Revit Architecure 2015 官方标准教程. 北京：电子工业出版社，2015.

［6］ 李建成. BIM 应用·导论. 上海：同济大学出版社，2015.

［7］ Sham Tickoo. Exploring Autodesk Revit Structure 2016. 6th Edition. Schererville，USA：CADCIM Technologies，2015.

［8］ Ken Marsh. Autodesk Robot Structural Analysis Professional 2015：Essentials. USA：Marsh API LLC，2014.

［9］ GB 50009—2001.

［10］ 11G101-1.

［11］ 12G901-1.